今日から使える！ MATLAB
数値計算から古典制御まで

青山貴伸
蔵本一峰　[著]
森口肇

これらの処理を行うプログラムを作成するには非常に大変な労力と時間が必要になることは想像に難くありません。これらの処理をMATLABで行えば、本来の問題に集中することができます。

導入部でMATLABの基本的な使い方について説明しています。特殊なツールボックスは使用していません。行列の基本演算を行うための具体的な手順からグラフィックス、スクリプトの作成まで網羅しています。

数値解析の基礎となる数値微積分、微分方程式からモデリングの基礎についても解説しています。

最後に重要な応用例である古典制御理論について記述しています。

読者の皆様の活躍に本書が少しでもお役にたつならば、非常に幸いです。

講談社

MATLAB®，Simulink® は，米国 The MathWorks,Inc. の登録商標です．
他の会社名，ブランド名，製品名およびサービス名等は，それぞれ各社の商標または登録商標です．

はじめに

　本書は，はじめて MATLAB を使う読者が，実務に使う入口に立てるようになることを目指しています．MATLAB 初心者に使っていただけるよう，すべて MATLAB Student Version R2012a で実行できることを確認しました．ver コマンドを使ってご自分の環境を確認することができます．

　本書は 9 つの章で構成されています．これらは大きく 3 つのパートに分かれています．

　第 1 章から第 3 章までの導入部で MATLAB の基本的な使い方について説明しています．特殊なツールボックスは使用していません．MATLAB 単体で実行することができます．行列の基本演算を行うための具体的な手順からグラフィックス，スクリプトの作成まで網羅しています．

　第 4 章から第 6 章では数値解析の基礎となる数値微積分，微分方程式からモデリングの基礎について解説しています．読者の理解を深めるために，一部分で Symbolic Math Toolbox も使用しています．第 5 章の微分方程式は，シミュレーションの根幹に相当するものです．この微分方程式のソルバは第 7 章以降 Simulink でシミュレーションを行うときに非常に重要な役割を果たしています．

　第 7 章から第 9 章では，重要な応用例である古典制御理論について記述しています．第 7 章でシミュレーションモデルを GUI 環境で構築する Simulink を基礎から学びます．第 8 章では古典制御理論，第 9 章では制御器設計の基礎まで紹介します．第 8 章，第 9 章は Control System Toolbox をメインに使用しています．とくに第 8 章制御系への適用は古典制御理論の基礎に的を絞って記述しています．第 9 章のフィードバック制御系の設計は Control System Toolbox の sisotool コマンドを用いて，単純な制御仕様からゲイン補償設計を行っています．

　制御工学は非常な発展を遂げ，学術的には状態空間モデルを基礎とした現代制御理論が一般的になっています．しかし，製品などに組み込まれている制御機器では現場でのパラメータ調整のしやすさから PID 制御がよく用いられています．この PID 制御は古典制御理論をベースにしています．PID 制御系のパラメータ調整を効率よく行うためには，制御対象のモデルを同定する必要があります．この制御対象のモデリングを行うために，まず制御対象の測定をし，その統計処理を

行います．その後，モデルを仮定しパラメータを推定します．こうしてパラメータ推定したモデルから制御仕様を満足する制御器を設計します．制御対象のモデリングから制御機器設計までには非常に幅広い知識（微積分，数値計算，統計や制御理論など）が要求されます．これらの処理を行うプログラムを作成するには大変な労力と時間が必要になることは想像に難くありません．これらの処理をMATLABで行えば，本来の問題に集中することができます．

　本書で学んでいただくと，MATLABで単純な（たとえば，1個のDCモータの）制御系を設計することはできると思います．もちろん，制御系を設計するのに必要なことは，本書で取り扱っていることがすべてではありません．式を立てるための基礎理論，計算の実行における諸問題の解決方法，最適なソルバの選択につながるアルゴリズムについての理解など多岐にわたる知識が必要です．やっとMATLABを活用するための扉の前に立つところまでしか本書には収録できていません．一方で，踏み込み過ぎてはいませんので，他分野でMATLABを活用したい方にも読んでいただけると思います．

　本書の執筆にあたっては，多くの方々のお世話になりました．MathWorks Book Programのご支援をいただきました．MathWorks東京オフィスの担当の皆様にこの場を借りて御礼申し上げます．また，本文中で，著者の一人青山の親友であった故・吉田順一氏が撮影した金環日食の写真を使用させていただきました．掲載を快く承諾してくださったご遺族のご厚意に深く感謝いたします．

　読者の皆様の活躍に本書が少しでもお役にたつならば，非常に幸いです．

2014年2月

　　　　　　　　　　　　　　　　　　　　　　著者を代表して　青山貴伸

今日から使える！MATLAB　目次

はじめに　　　　　　　　　　iii

第1章　MATLAB の基本操作　1

- 1.1　MATLAB のインターフェース　1
- 1.2　MATLAB の基本操作　3
- 1.3　MATLAB データ　6
- 1.4　行列の演算　8
- 1.5　各種関数　18
- 1.6　行列計算への適用　22

第2章　グラフィックス ―ビジュアライゼーション―　24

- 2.1　Figure オブジェクト　24
- 2.2　2次元データのプロット　27
- 2.3　3次元データのプロット　33
- 2.4　複数グラフの描画　36
- 2.5　ビューポイントの設定　39
- 2.6　グラフィックスプロパティ　40

第3章　MATLAB プログラミング　―M- ファイル―　46

- 3.1　M- ファイル　46
- 3.2　関数 M- ファイル　51
- 3.3　関数ハンドル　53
- 3.4　MATLAB の制御構文　55
- 3.5　関数 M- ファイルのインターフェース　68

第4章　数値微積分　69

- 4.1　微分　69
- 4.2　数値積分　75

第5章　微分方程式と ode ソルバ活用　92

- 5.1　常微分方程式の数値解の基本　92
- 5.2　オイラー法からルンゲ-クッタ法へ　93
- 5.3　N 次元連立微分方程式への適用　104
- 5.4　ode45 の問題点（硬い問題）　107

第 6 章　実験データのモデル化　113

- 6.1　実験データの統計処理（基本的な統計処理）　113
- 6.2　制御対象のモデリング　122
- 6.3　伝達関数のパラメータ推定　123
- 6.4　DC モータの伝達関数の推定　128

第 7 章　Simulink 活用　135

- 7.1　Simulink の起動　135
- 7.2　ブロックの種類および検索　136
- 7.3　ブロックの配置・結線・シミュレーション結果　137
- 7.4　ばね - ダッシュポット系　142
- 7.5　R-L-C 直列回路　144
- 7.6　Simulink ブロックのカスタマイズ　146
- 7.7　MATLAB ワークスペースへの保存　148
- 7.8　ファイルにデータを書き込む　149
- 7.9　Simulink ソルバ　150

第 8 章　制御系への適用　156

- 8.1　要素の種類よびその表現方法　156
- 8.2　伝達関数　156
- 8.3　ラプラス変換と常微分方程式の解法　158
- 8.4　要素の表現　160
- 8.5　多項式タイプによる伝達関数の表現　165
- 8.6　伝達要素の結合およびブロック線図の等価変換　166
- 8.7　要素の応答特性　168
- 8.8　インディシャル応答　169
- 8.9　周波数応答　177
- 8.10　自動制御系の安定性　182
- 8.11　ナイキスト安定判別法　184
- 8.12　根軌跡法　190
- 8.13　特性方程式の根と出力応答　191

第 9 章　フィードバック制御系の設計　201

- 9.1　自動制御系の性能　201
- 9.2　制御系設計の概要　203
- 9.3　sisotool の使い方　205

索引　213

第1章 MATLABの基本操作

MATLAB は，バージョンアップされるたびに進化を続け，活躍の場もどんどん広がっています．本書で扱うのは基本的なことなので，あまりバージョンには依存していませんが，説明に用いるインターフェースは，R2012a であることを先にお断りしておきます．

本章では，MATLAB のインターフェースと基本操作について述べるとともに，ベクトルと行列の概要，データの取り扱い，データ構造，各種関数，虚数の概要と取り扱いについて説明します．

1.1 MATLAB のインターフェース

まず，MATLAB で使用する基本的なインターフェースについて説明します．

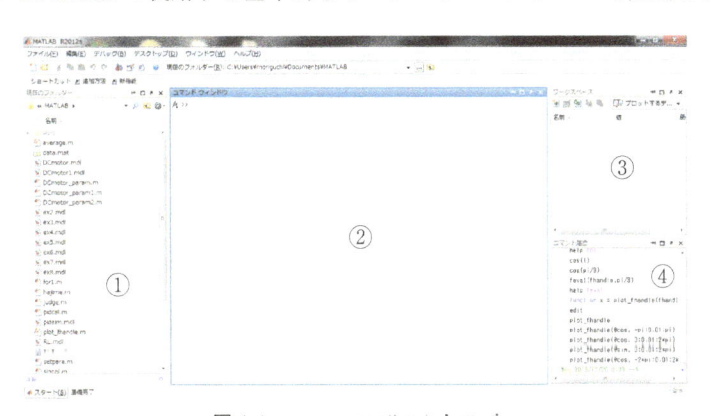

図 1.1　MATLAB デスクトップ

MATLAB を起動すると図 1.1 に示すデスクトップが表示されます．デスクトップは，現在のフォルダーウィンドウ，コマンドウィンドウ，ワークスペースウィンドウ，コマンド履歴ウィンドウなどから構成され，MATLAB に関連づけら

れたファイルや変数，アプリケーションを管理するためのツールがセットされています．基本操作は，このデスクトップ上で行います．ユーザが自由に配置を変更することが可能です．

各ウィンドウについて，簡単に説明していきます．

現在のフォルダーウィンドウ（図 1.1 ①）

現在のフォルダー（作業用フォルダー）に存在するファイルの一覧を表示するエリアです．詳細の右にあるボタンをクリックすると，選択したファイルの種類が表示されます．ワークスペース変数が格納されている MAT ファイルの場合には，保存されている変数も表示されます．また，このウィンドウに表示されているファイルをダブルクリックすることにより，そのファイルに関連するエディターや Toolbox が起動し，編集あるいは操作可能な状態となります．

コマンドウィンドウ（図 1.1 ②）

MATLAB とのインタラクティブな処理を行うためのエリアです．プロンプト（>>）の後にステートメントやコマンドを入力することにより，各種演算やコマンドを実行し，結果を表示させるといった使い方になります．

MATLAB で最も使用頻度が高いウィンドウです．

ワークスペース（図 1.1 ③）

MATLAB のメモリ上に存在する変数の一覧を表示するエリアです．ここには，変数名，値，最大値と最小値が表示されます．

変数名をダブルクリックすると，変数エディターが表示され，変数に格納しているデータを編集することができるようになっています．

コマンド履歴ウィンドウ（図 1.1 ④）

使用したコマンドの履歴が表示されるエリアです．コマンド履歴ウィンドウに表示されているコマンドをダブルクリックすれば，過去に使用したコマンドや演算を繰り返し実行させることが可能です．

また，コマンドウィンドウにおいて，"↑"，"↓"いずれかのカーソルキーを

押し，コマンド履歴からコマンドを呼び出して，繰り返し実行させることも可能です．

MATLAB エディターを図 1.2 に示します．MATLAB エディターは，MATLAB のプログラムを記述するためのツールで，基本的なテキスト編集機能のほかに，ソース・コードのデバッグ機能も装備しています．

一般的なエディターソフトと同様，操作は難しくありません．

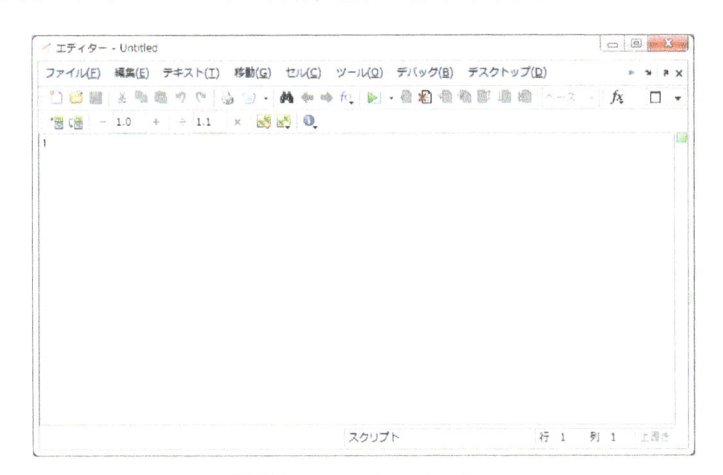

図 1.2　MATLAB エディター

1.2　MATLAB の基本操作

ここでは，MATLAB を使っていくうえで，重要かつ基本的なコマンドラインからの簡単な入力方法を説明します．

MATLAB の演算は行列計算を基礎としているので，行列の計算規則を理解することが必要です．行列の概要と演算については後述するので，そちらを参考にしてください．

MATLAB で定義する変数はすべて行列として扱われ，数値（スカラー）データも 1 行 1 列の行列として扱われます．変数の場合，C 言語などのように型やサイズを宣言する必要はありませんが，変数名や関数名では，大文字，小文字を区別します．この点には注意が必要です．また，変数名，関数名の先頭の文字は必

ずアルファベットとすることに注意してください．2文字目以降は，アルファベット，数字，アンダースコアを組み合わせて表現することが可能です．

詳細は操作をしながら覚えるとよいでしょう．

まず，表1.1に示すように各種コマンドを入力してみましょう．結果は，コマンドウィンドウに表示されるので，必ず確認してください．

定義したスカラー，ベクトル，行列はワークスペースに表示されるので，あわせて確認してください．

表1.1　各種コマンドの入力

機能・演算	コマンド
スカラー	`>> a=1`
列ベクトル	`>> b=[1; 2; 3]`
行ベクトル	`>> c=[4 5 6]`
ベクトルの積	`>> b*c`
	`>> c*b` % 順番を入れ替えると結果が異なる
ベクトルの和	`>> [1 2 0] + [0 0 3]`
行列の定義	`>> X=[1 2 3 ; 4 5 6; 7 8 9]` % 3行3列

表1.1に示すように「[ ]（大かっこ）」が行列（ベクトルやスカラーを含む）を，「;（セミコロン）」が行の区切りを表します．行列の各要素はスペースで区別されます．

最後の行列 X の末尾にセミコロンを付加した場合の実行結果を確認してみましょう．

定義した行列内容が表示されないことが確認できます．

セミコロンを付加するかしないかの違いは，結果が表示されるかされないかの違いです．プログラムを作成するようになると，その都度計算結果を表示させると画面が見づらくなることがあります．このような結果を表示させたくない場合には，コマンドの最後に「;」を入力するとよいでしょう．

コマンド履歴ウィンドウのところでも述べましたが，同じコマンドを繰り返し入力する場合，カーソルキーを使うと便利です．過去に使用したコマンドを再度利用する場合は，カーソルキー"↑"を必要回数押して実行します．

次に，MATLAB演算の基礎となる行列についてやや詳細に説明します．あわせ

て，虚数についても説明します．

行列

　行列は，複数の数値や文字を長方形または，正方形に並べ，両側を（　）または [　] でくくったもので，並べた個々の数値や文字を行列の成分または要素といい，一般にアルファベットの大文字 *A*, *B*, *C*, ...のように表します．

　図 1.3 に示すように横方向の要素の集まりを行といい，上から順に第 1 行，第 2 行，…と呼びます．また，縦方向の要素の集まりを列といい，左から順に第 1 列，第 2 列，…と呼びます．

　先述した行ベクトル，列ベクトルを組み合わせたものが行列であると考えてもよいでしょう．

　また，行の数と列の数が等しい行列を正方行列といい，とくに対角要素が 1 で，それ以外の要素が 0 である行列を単位行列（図 1.4 参照）といいます．

　図 1.3 に示す行列は，2 行 2 列であり，行，列の要素数が等しいので，正方行列です．

　行列の演算については，MATLAB の操作とあわせて後述します．

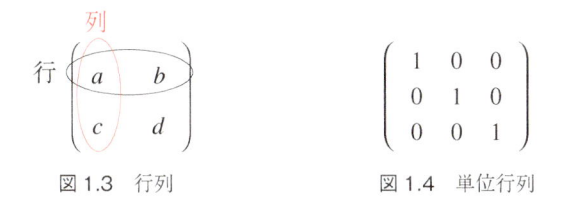

図 1.3　行列

図 1.4　単位行列

虚数と複素数

　虚数とは，2 乗してマイナスとなる数を含む数のことです．英語で imaginary number と表されます．とくに単位となる数は 2 乗して –1 となるもので，数学では記号 *i* が用いられ，虚数単位（imaginary unit）と呼ばれます．すなわち，$i = \sqrt{-1}$ または $i^2 = -1$ と定義されています．

　電気・電子工学分野では，*i* が電流の記号として古くから使われているため，電流と虚数単位を混同しないよう *j* が用いられています．

MATLABでは,虚数単位として i と j のどちらを使用してもかまいませんが,虚数単位は必ず数字の後に記述してください.

実数 a, b と虚数単位 i の和,すなわち $c = a + bi$ で表される数を複素数といい,a を実部,b を虚部と呼んでいます.

MATLABで複素数の計算を行う場合,虚数単位と混同する恐れがあるため,変数名に i および j を使用しないことをおすすめします.

1.3 MATLABデータ

MATLABにおいて使用可能なオブジェクト型は,MATLAB配列のみとなっており,スカラー,ベクトル,行列,文字列,セル配列,構造体など,すべての変数はMATLAB配列として保存されます.

データ格納方法

MATLABは,最初の列,2番目の列,…,最後の列という順序で,列方向の番号づけでデータを格納していきます.

以下の行列がどのように格納されるかをみてみましょう.

$A = [\text{'one'}; \text{'two'}]$

行列の定義	実行結果
`>> A=['one';'two']`	A = one two
`>> size(A)`	ans = 2 3

上式のように,行列 A を定義すると,2行3列のchar型のデータとして格納されます.

その様子を表1.2に示します.

表 1.2　データ格納の様子

o	t	n	w	e	o
1行1列	2行1列	1行2列	2行2列	1行3列	2行3列

MATLAB のデータ型

MATLAB で最も一般的なデータ型は，double 型の m 行 n 列の次元をもっている倍精度複素行列です．

MATLAB で定義されている代表的なデータ型を表 1.3 に示します．

表 1.3　代表的な MATLAB のデータ型

データ型	説明
倍精度複素行列	MATLAB の最も一般的なデータ型で，double 型 m 行 n 列の次元をもっている．データは倍精度の数値の 2 つのベクトルとして保存され，一方のベクトルには実数データ，他方には虚数データが含まれる
数値行列	単精度浮動小数点の 8，16，32 ビットの整数（符号つきと符号なしの両方）で，データは，倍精度行列同様，2 つのベクトルに保存される
論理行列	論理状態である真または偽をそれぞれ 1 と 0 の数値を使用して表現する
MATLAB 文字列	char 型データで，符号なし 16 ビットの整数と同様に保存される
セル配列	MATLAB 配列の集合体で，異なる型の MATLAB 配列を同時に保存することができる
構造体	1 行 n 列のセル配列と同じ方法で保存される．n は構造体内のフィールド数
オブジェクト	登録されたメソッドをもつ名前つきの構造体で，構造体と同じ方法で保存およびアクセスされる

今までの例を通して，表 1.3 の倍精度複素数行列から文字列までは理解できたと思います．セル配列からオブジェクトは特殊なデータ型となります．通常，これらのデータ型は単独で用いられることはなく，後述する関数 M- ファイルなどで活用されます．とくにセル配列は関数 M- ファイルの可変入出力引数に活用されます．詳細は 3.5 節を参照してください．

構造体は異なったデータ型を格納することができ，この型はワークスペースとSimulinkモデルの間の入出力によく使用されます．また，オブジェクト型を使うことにより，関数M-ファイルをオブジェクト指向プログラミングで行うことができます．詳細はプログラミングを扱った書籍（たとえば，青山貴伸（著）『使える！MATLAB/Simulinkプログラミング』，講談社，2007）を参照してください．

1.4 行列の演算

ここでは，行列の加減算，乗算，除算（にあたる演算），複素行列の演算，ベクトル演算，スカラーと行列の演算，関係演算子と論理演算子について説明します．

まず，以下に示す2つの行列を定義し，それらに対して演算を行っていきます．

$$A = \begin{bmatrix} 1 & 2 \\ 3 & 4 \end{bmatrix}, \quad B = \begin{bmatrix} 4 & 3 \\ 2 & 1 \end{bmatrix}$$

行列の加減算

行列どうしで加減算を行うことができるのは，互いの行と列の数が等しいときのみで，以下に示すように各要素で計算することができます．

$$\begin{bmatrix} a_{11} & a_{12} \\ a_{21} & a_{22} \end{bmatrix} \pm \begin{bmatrix} b_{11} & b_{12} \\ b_{21} & b_{22} \end{bmatrix} = \begin{bmatrix} a_{11} \pm b_{11} & a_{12} \pm b_{12} \\ a_{21} \pm b_{21} & a_{22} \pm b_{22} \end{bmatrix}$$

以下のように入力して，行列の加減算を計算してみましょう．

加算	計算結果	減算	計算結果

`>> A=[1 2;3 4];`
`>> B=[4 3;2 1];`
`>> A+B`
	`ans =`
	`    5    5`
	`    5    5`
		`>> A-B`	`ans =`
			`   -3   -1`
			`    1    3`

行列の乗算

積 AB は，行列 A の列の数と行列 B の行の数が等しいときのみ定義されます．以下のように計算することができ，$m \times n$ 行列と $n \times l$ 行列の積は，$m \times l$ 行列となります．

ただし，行列 A，B それぞれの列の数と行の数によっては，積 AB が定義されても，積 BA が定義されない場合があります．

$$\begin{bmatrix} a_{11} & a_{12} \\ a_{21} & a_{22} \end{bmatrix} \begin{bmatrix} b_{11} & b_{12} \\ b_{21} & b_{22} \end{bmatrix} = \begin{bmatrix} a_{11}b_{11}+a_{12}b_{21} & a_{11}b_{12}+a_{12}b_{22} \\ a_{21}b_{11}+a_{22}b_{21} & a_{21}b_{12}+a_{22}b_{22} \end{bmatrix}$$

以下のように入力して，行列の乗算を計算してみましょう．

この例のように，積 AB と積 BA の計算結果が異なる場合があるので，注意が必要です．

AB	計算結果	BA	計算結果

>> A*B	ans =
	    8 5
	   20 13
		>> B*A	ans =
			  13 20
			   5 8

行列の除算

電気回路の解析などで連立方程式の解を求める場合，行列の除算を用いると便利です．実際に行列で除算にあたることをしたい場合には，逆行列を乗算する方法で計算します．

逆行列とは，n 次の正方行列 A に対して，$AX=XA=E$（E は n 次の単位行列）となる n 次の正方行列 X のことで，A^{-1} で表します．

行列 $A = \begin{bmatrix} a & b \\ c & d \end{bmatrix}$ の逆行列は，

$$A^{-1} = \frac{1}{ad-bc} \begin{bmatrix} d & -b \\ -c & a \end{bmatrix} \quad (ただし\ ad-bc \neq 0)$$

で求めることができます．

以下のように入力して，行列 $A = \begin{bmatrix} 1 & 2 \\ 3 & 4 \end{bmatrix}$ の逆行列を求めてみましょう．

MATLABには，逆行列を求めるための関数として，`inv()`関数があります．

逆行列	計算結果

`>> inv(A)`	`ans =`
	`   -2.0000    1.0000`
	`    1.5000   -0.5000`

続いて，行列で表される方程式 $Ax = B$ の解を計算します．

数学的には，方程式の両辺に左から A^{-1} をかけることにより，$x = A^{-1}B$ として計算しますが，MATLABの場合，左除算演算子を用いて計算する方法もあります．この例では，数学的に計算する方法と左除算で計算する方法の双方を用いて計算してみます．

なお，MATLABにおいて左除算を表す演算記号は，バックスラッシュ（「\」）ですが，Windows環境の場合，文字コードの関係で「¥」となります．

結果は，双方同じことが確認できます．

$A^{-1}B$	計算結果	左除算	計算結果

`>> inv(A)*B`	`ans =`
	`   -6.0000   -5.0000`
	`    5.0000    4.0000`
		`>> A¥B`	`ans =`
			`   -6.0000   -5.0000`
			`    5.0000    4.0000`

ここで，計算結果が整数ではなく実数形式で表示されたと気づいたかもしれません．これは，MATLABで演算が実行された場合，必要に応じて計算精度が確保されることにより，自動的に実数型に変換されたためです．

逆行列の演算結果も同様に，実数型に変換されていることが確認できます．

行列式

行列式は，正方行列の各要素を規則的に取り出し，正負の記号を付加したうえでそれらの積を求め，さらにそれらの和を求める計算です．

2次または3次の正方行列において，左上から右下に向かう方向に正の符号

（＋）を，右上から左下に向かう方向に負の符号（－）を付加し，それらの積を求め，さらにそれらの和を求めることにより，行列式が得られます．

このように行列式を求める手法をサラス（Sarrus）の方法といいます．
2次の正方行列の行列式をサラスの方法で求めてみます．

$$\begin{vmatrix} a_{11} & a_{12} \\ a_{21} & a_{22} \end{vmatrix} = a_{11}a_{22} - a_{12}a_{21}$$

3次の正方行列も同様に求めてみます．

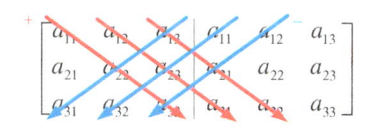

$$= (a_{11}a_{22}a_{33} + a_{12}a_{23}a_{31} + a_{13}a_{21}a_{32})$$
$$- (a_{13}a_{22}a_{31} + a_{11}a_{23}a_{32} + a_{12}a_{21}a_{33})$$

一般にサラスの方法で取り出すことができる項は，n 次の正方行列の場合 $2n$ と少なく，n 個の組み合わせは $n!$ 個あるので，4次以上の正方行列にはこの方法が使えません．注意してください．

MATLAB には，行列式を計算するための `det()` 関数があります．

`det()` 関数を用いて，以下に示す3次の正方行列の行列式を求めてみましょう．

$$A = \begin{bmatrix} 5 & 7 & 3 \\ 1 & 4 & 10 \\ 9 & 12 & 6 \end{bmatrix}$$

行列式の演算	計算結果
`>> A=[5 7 3;1 4 10;9 12 6];` `>> det(A)`	`ans =` `    36.0000`

クラメル（Cramer）の公式

クラメルの公式は，未知数の数と方程式の数が等しく，かつ一意的に解くことができる線形方程式の解を求めるために使われる行列式です．

複雑な電気回路の特性を解析する際，重宝します．

以下に示す2元1次方程式を解くことを考えてみましょう．

$$\begin{cases} a_{11}x + a_{12}y = b_{11} \\ a_{21}x + a_{22}y = b_{21} \end{cases}$$

まず，方程式の各係数および定数を整理し，次に示す行列による式を作ります．

$$\begin{bmatrix} a_{11} & a_{12} \\ a_{21} & a_{22} \end{bmatrix} \begin{bmatrix} x \\ y \end{bmatrix} = \begin{bmatrix} b_{11} \\ b_{21} \end{bmatrix}$$

次に，クラメルの公式を用いて，未知数 x と y を計算します．

$$x = \frac{\begin{vmatrix} b_{11} & a_{12} \\ b_{21} & a_{22} \end{vmatrix}}{\begin{vmatrix} a_{11} & a_{12} \\ a_{21} & a_{22} \end{vmatrix}} = \frac{a_{22}b_{11} - a_{12}b_{21}}{a_{11}a_{22} - a_{12}a_{21}}, \quad y = \frac{\begin{vmatrix} a_{11} & b_{11} \\ a_{21} & b_{21} \end{vmatrix}}{\begin{vmatrix} a_{11} & a_{12} \\ a_{21} & a_{22} \end{vmatrix}} = \frac{a_{11}b_{21} - a_{21}b_{11}}{a_{11}a_{22} - a_{12}a_{21}}$$

ここでは割愛しますが，3元1次方程式も同様の手順で解いていきます．

それでは，以下に示す連立方程式をクラメルの公式を用いて解いてみましょう．

$$\begin{cases} 2x + 3y = 14 \\ 5x - y = 18 \end{cases}$$

まず，連立方程式の各係数と定数を抜き出して，行列を作ります．

$$\begin{bmatrix} 2 & 3 \\ 5 & -1 \end{bmatrix} \begin{bmatrix} x \\ y \end{bmatrix} = \begin{bmatrix} 14 \\ 18 \end{bmatrix}$$

次に，クラメルの公式を用いて，未知数 x と y を計算します．今回は，**det()** 関数を用いて行列式の計算を行い，x と y を求めます．

$$x = \frac{\begin{vmatrix} 14 & 3 \\ 18 & -1 \end{vmatrix}}{\begin{vmatrix} 2 & 3 \\ 5 & -1 \end{vmatrix}}, \quad y = \frac{\begin{vmatrix} 2 & 14 \\ 5 & 18 \end{vmatrix}}{\begin{vmatrix} 2 & 3 \\ 5 & -1 \end{vmatrix}}$$

ここで,

$$A = \begin{vmatrix} 14 & 3 \\ 18 & -1 \end{vmatrix}, \quad B = \begin{vmatrix} 2 & 14 \\ 5 & 18 \end{vmatrix}, \quad D = \begin{vmatrix} 2 & 3 \\ 5 & -1 \end{vmatrix} \text{とします.}$$

x, y の計算	計算結果

`>> A=[14 3;18 -1];`
`>> B=[2 14;5 18];`
`>> D=[2 3;5 -1];`
`>> x=det(A)/det(D)`
 	
`>> y=det(B)/det(D)`
	`x =`
	
	`     4`
	
	`y =`
	
	`     2`

計算結果より,連立方程式の解が $x=4$, $y=2$ と求まりました.

複素行列の演算

複素行列のデータはMATLABにおいて,倍精度数値の2つのベクトルとして記憶されていて,一方のベクトルには実数データが,他方のベクトルには虚数データが含まれています.

複素行列も行列と同様に計算することができます.

ここでは,2行2列複素行列を2つ定義して,乗算を計算してみましょう.

$$C = \begin{bmatrix} 1+i & 2+2i \\ 3+3i & 4+4i \end{bmatrix}, \quad D = \begin{bmatrix} 4+4i & 3+3i \\ 2+2i & 1+i \end{bmatrix}$$

複素行列の乗算	計算結果

`>> C=[1+i 2+2i;3+3i 4+4i];`
`>> D=[4+4i 3+3i;2+2i 1+i];`
`>> C*D`
	`ans =`
	
	`   0 +16.0000i   0 +10.0000i`
	`   0 +40.0000i   0 +26.0000i`

複素数には，共役複素数があり，複素行列の除算を行う場合に使います．

共役複素数とは，$a=2+3i$ と $b=2-3i$ のように，実部と虚部の間にある符号を反転させたものになります．

互いに共役な複素数 $a=2+3i$, $b=2-3i$ の乗算を計算しましょう．

共役複素数の乗算	計算結果

`>> a = 2 + 3i;`
`>> b = 2 - 3i;`
`>> a*b`
	`ans =`
	`    13`

ベクトル演算

ここでは，行ベクトル $x = \begin{bmatrix} 1 & 2 & 3 \end{bmatrix}$, $y = \begin{bmatrix} 3 & 2 & 1 \end{bmatrix}$ の演算について説明します．加減算は，要素どうしで計算することができますが，乗算は単純に $x*y$ と計算することができません．

そこで，右からかける側（y）のベクトルの転置を行います．転置とは，あるベクトル（行列）の行と列を入れ替えて得られるベクトル（行列）のことで，A' で表します．MATLAB でも転置するベクトル（行列）にシングルクォーテーションを付加して表します．

それでは，行列 y を転置（列ベクトルに）して，$x*y'$ を計算しましょう．

行ベクトルと列ベクトルの乗算	計算結果

`>> x = [1 2 3];`
`>> y = [3 2 1];`
`>> x*y'`
	`ans =`
	`    10`

続いて，行列 x を転置して，$x'*y$ を計算してください．先程の $x*y'$ の実行結果と異なり，行列になっていることが確認できます．

ベクトルの生成方法

ある配列を定義する際，通常はすべての要素データを入力することになります．しかし，MATLAB はベクトルや行列の演算用に設計されているので，ある規則をもったベクトルを生成する場合，ベクトル化アルゴリズムを使用できます．

ベクトル化とは,第3章で述べる for や while ループを等価なベクトル,または行列演算に変換することをいい,ベクトル化することにより,for や while ループを用いるよりも演算が高速化されます.

たとえば,a から b まで,一定間隔 d をもったベクトルを生成するには,**[a:d:b]** のように記述します.なお,間隔が1の場合は,d を省略することができます.

これを実行して,

$$\frac{b-a}{d} \leq n \leq 1 + \frac{b-a}{d}$$

を満たす n 次ベクトルを生成します.

それでは,0から10まで2間隔でベクトルを生成します.

ベクトルの生成	実行結果
`>> t=[0:2:10]`	`t =` `     0     2     4     6     8    10`

スカラーと行列の演算

ある行列 A の各要素を k 倍(k は実数)したものを要素とする行列を行列 A の k 倍といい,kA で表します.

MATLAB でスカラーと行列の演算を行う場合,行列の計算と同じ演算子を使います.

それでは,整数 $k=5$ と行列 $A = \begin{bmatrix} 1 & 2 \\ 3 & 4 \end{bmatrix}$ の乗算を計算してみましょう.

整数と行列の乗算	計算結果

`>> k=5;`
`>> A=[1 2;3 4];`
`>> k*A`
	`ans =`
	`     5    10`
	`    15    20`

行列の乗算の計算方法は,先に述べたとおりですが,2つの行列の要素どうしで計算する場合は,演算子の前に「**.**(ピリオド)」を記述します.

$$A = \begin{bmatrix} a_{11} & a_{12} \\ a_{21} & a_{22} \end{bmatrix}, \quad B = \begin{bmatrix} b_{11} & b_{12} \\ b_{21} & b_{22} \end{bmatrix}, \quad A.*B = \begin{bmatrix} a_{11}b_{11} & a_{12}b_{12} \\ a_{21}b_{21} & a_{22}b_{22} \end{bmatrix}$$

加減算に関しては，もともと要素どうしの演算なのでピリオドを記述する必要はありません．乗算の場合は記述する必要があります．

2つの行列 *A*，*B* の要素どうしの乗算を計算し，行列の乗算の計算結果と比較してみましょう．

行列の要素どうしの乗算	計算結果

`>> A=[1 2 3 ;4 5 6 ;7 8 9];`
`>> B=[9 8 7 ;6 5 4 ;3 2 1];`
`>> A.*B`
	`ans =`
	`     9    16    21`
	`    24    25    24`
	`    21    16     9`

行列の乗算	計算結果

`>> A=[1 2 3 ;4 5 6 ;7 8 9];`
`>> B=[9 8 7 ;6 5 4 ;3 2 1];`
`>> A*B`
	`ans =`
	`    30    24    18`
	`    84    69    54`
	`   138   114    90`

計算結果が異なることが確認できます．

関係演算子

関係演算子を用いることにより，同じサイズの2つの配列に対して，要素ごとに比較演算を行うことができます．

演算結果として，2つの配列と同じサイズの配列が出力され，比較結果が真の場合は1が，偽の場合は0が要素ごとに出力されます．

関係演算子を表1.4に示します．

表1.4 関係演算子

関係演算子	説明
<	より小さい
>	より大きい
<=	より小さい，または等しい
>=	より大きい，または等しい
==	等しい
~=	等しくない

以下に示す行列の要素が等しいかどうか比較してみましょう．

$$A = \begin{bmatrix} 1 & 2 \\ 3 & 4 \end{bmatrix}, \quad B = \begin{bmatrix} 1 & 3 \\ 2 & 4 \end{bmatrix}$$

行列要素の比較	実行結果
`>> A=[1 2;3 4];`	`ans =`
`>> B=[1 3;2 4];`	`    1    0`
`>> A==B`	`    0    1`

実行結果から，指定した関係が真である要素には1が，偽である要素には0が出力されていることが確認できます．

論理演算子

関係演算子と同様，論理演算子を用いることにより，同じサイズの2つの配列に対して，要素ごとに論理演算を行うことができます．

演算結果として，2つの配列と同じサイズの配列が出力され，論理演算の結果が真の場合は1が，偽の場合は0が要素ごとに出力されます．

論理演算子を表1.5に示します．

表1.5 論理演算子

論理演算子	説明
`&` （AND：論理積）	両方の配列で真（0以外）であるすべての要素に1を出力し，その他の要素には0を出力する
`|` （OR：論理和）	どちらか一方，または，両方の配列で真（0以外）であるすべての要素に1を出力し，その他の要素には0を出力する
`~` （NOT：否定）	入力配列の各要素の補数（1と0を反転したもの）を出力する
`xor` （排他的論理和）	1つの配列のみで真（0以外）であるすべての要素に1を出力し，その他の要素には0を出力する

以下に示すベクトルのAND，OR，XORとAのNOTを求めましょう．

$$A = \begin{bmatrix} 0 & 0 & 1 & 1 \end{bmatrix}, \quad B = \begin{bmatrix} 0 & 1 & 0 & 1 \end{bmatrix}$$

AND, OR, XOR, A の NOT	実行結果
`>> A=[0 0 1 1];` `>> B=[0 1 0 1];`	
`>> A&B`	`ans =` `     0     0     0     1`
`>> A|B`	`ans =` `     0     1     1     1`
`>> xor(A,B)`	`ans =` `     0     1     1     0`
`>> ~A`	`ans =` `     1     1     0     0`

　実行結果は，論理回路の真理値表どおりになりましたが，各要素において0以外のものをすべて真として扱っている点に注意が必要です．

1.5　各種関数

　MATLABに組み込まれている関数は100種類を優に超え，Toolboxを組み込むことにより，さらに多種多様な関数が使用可能となります．さらに，第3章で紹介するように，ユーザが関数を作成することができ，その関数を標準の関数と同様に扱うこともできます．

　紙面の都合上，すべての関数に触れることはできませんが，基本的な行列と配列，線形代数，初等数学に関する基本的かつ代表的な関数について説明します．

行列と配列に関する基本的な関数

　MATLABは，行列を演算するために開発されました．ですから，行列に関する基本的な関数をマスターしておくと，何かと便利です．

　行列と配列に関する基本的な関数と実行例を表1.6に示します．

表 1.6 行列と配列に関する基本的な関数

関数名	説明	実行例（上段：コマンド，下段：実行結果）

eye	n 行 n 列の単位行列を生成	`>> eye(2)`
		`ans =`
		`    1    0`
		`    0    1`

linspace	線形に等間隔なベクトルを生成	`>> linspace(0,100,101)`
		`ans =`
		`    0    1    …`
		`    …   99   100`

ones	m 行 n 列の要素すべてが 1 の行列を生成	`>> ones(2,3)`
		`ans =`
		`    1    1    1`
		`    1    1    1`

rand	一様分布のランダムな数値要素をもった行列を生成	`>> rand(2)`
		`ans =`
		`    0.8147    0.1270`
		`    0.9058    0.9134`

randn	正規分布のランダムな数値要素をもった行列を生成	`>> randn(2)`
		`ans =`
		`    0.3188   -0.4336`
		`   -1.3077    0.3426`

zeros	m 行 n 列の要素すべてが 0 の行列を生成	`>> zeros(3,2)`
		`ans =`
		`    0    0`
		`    0    0`
		`    0    0`

線形代数

　線形代数に関する関数は，行列の解析，線形式，固有値と特異点，行列対数と指数，因数分解に使用するものに分類され，行列またはベクトルそのものに対する演算を行います．

　行列演算に関する基本的な関数と実行例を表 1.7 に示します．

表 1.7 行列演算に関する基本的な関数

関数名	説明	実行例（上段：コマンド，下段：実行結果）
det	正方行列の行列式を計算	`>> A=[5 7 3;1 4 10;9 12 6]; det(A)` `ans = 36.0000`

inv	正方行列の逆行列を生成	`>> A=[1 2;3 4]; inv(A)`
		 `ans =`
		 `   -2.0000    1.0000`
		 `    1.5000   -0.5000`

lu	行列を2つの三角行列の積として表現	`>> A=[1 2 3;4 5 6;7 8 0];`
		 `>> [L,U]=lu(A)`
		 `L =`
		 `    0.1429    1.0000         0`
		 `    0.5714    0.5000    1.0000`
		 `    1.0000         0         0`
		 `U =`
		 `    7.0000    8.0000         0`
		 `         0    0.8571    3.0000`
		 `         0         0    4.5000`

rank	行列の線形独立な行数または列数を求める	`>> A=[1 2 3;4 5 6;7 8 0];`
		 `>> rank(A)`
		 `ans = 3`

初等数学

初等数学に関する関数は，三角法，指数，複素数，丸めと剰余，離散数学で使用するものに分類され，行列やベクトルの入力に対応可能な関数が数多く用意されています．初等数学に関する基本的な関数と実行例を表 1.8 に示します．

表 1.8 初等数学に関する基本的な関数

関数名	説明	実行例

sin	ラジアン単位の引数の正弦を計算（度単位の引数の場合は sind）	`>> X=pi/6; Y=sin(X)`
		 `Y =`
		 `    0.5000`

cos	ラジアン単位の引数の余弦を計算（度単位の引数の場合は cosd）	`>> X=pi/6; Y=cos(X)`
		 `Y =`
		 `    0.8660`

関数名	説明	実行例

`tan`	ラジアン単位の引数の正接を計算（度単位の引数の場合は `tand`）	`>> X=pi/6; Y=tan(X)`
		`Y =`
		`    0.5774`

`exp`	行列の各要素の指数関数の値（e^x）を計算	`>> X=[1 2;3 4];`
		`>> Y=exp(X)`
		`Y =`
		`    2.7183    7.3891`
		`   20.0855   54.5982`

`log10`	行列の各要素の10を底とした対数を計算	`>> X=[10 20;30 40];`
		`>> Y=log10(X)`
		`Y =`
		`    1.0000    1.3010`
		`    1.4771    1.6021`

`sqrt`	行列の各要素の平方根を計算	`>> X=[1 2;4 8];`
		`>> Y=sqrt(X)`
		`Y =`
		`    1.0000    1.4142`
		`    2.0000    2.8284`

`abs`	行列の各要素の絶対値と複素数の大きさを計算	`>> X=[-1 -2;-3 -4];`
		`>> Y=abs(X)`
		`Y =`
		`    1    2`
		`    3    4`
		`>> Y=abs(3+4i)`
		`Y =`
		`    5`

`round`	行列の各要素を最も近い整数に丸める
	要素が複素数の場合は，実部と虚部を別々に丸める
		`>> X=[1.3 -0.4;-8.7 3.5];`
		`>> Y=round(X)`
		`Y =`
		`    1    0`
		`   -9    4`
		`>> Y=round(2.3+7.4i)`
		`Y =`
		`    2.0000 + 7.0000i`

1.6 行列計算への適用

ここでは,行列計算の電気回路網への適用を考えます.

簡単な電気回路の場合,オームの法則を用いることにより,比較的簡単に回路を解析することができますが,複雑な回路を解析する場合は,キルヒホッフの法則を用いて,回路方程式(連立方程式)をたてて計算することになります.連立方程式が導き出せれば,1.4節で述べたクラメルの公式を用いて,未知のパラメータを計算することができます.

キルヒホッフ(Kirchhoff)の法則

キルヒホッフの法則は,複雑な回路を解析する場合に用いる法則で,電流に関する第1法則,電圧降下と起電力に関する第2法則があります.

第1法則は,「回路網中の任意の接続点に流れ込む電流の和は,流れ出る電流の和に等しい」と定義されています.

また,第2法則は,「回路網中の任意の閉回路において,起電力の和は電圧降下の和に等しい」と定義されています.

それでは,図1.5に示す回路の各抵抗に流れる電流 I_1, I_2, I_3 をキルヒホッフの法則を適用することにより,求めてみましょう.

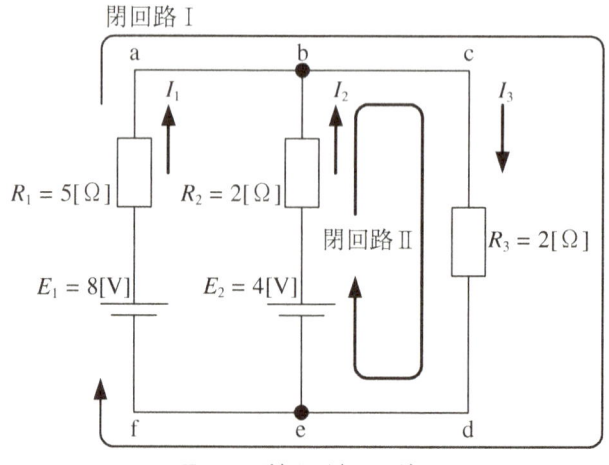

図1.5 電気回路網への適用

1.6 行列計算への適用

まず，図 1.5 に示すように，回路に流れる電流の向きを仮定し，b 点に第 1 法則を適用し，閉回路 I（a→c→d→f→a），閉回路 II（b→c→d→e→b）に第 2 法則を適用することにより，以下の連立方程式を導きます．

$$\begin{cases} I_1 + I_2 - I_3 = 0 \\ 5I_1 + 2I_3 = 8 \\ 2I_2 + 2I_3 = 4 \end{cases}$$

次に，連立方程式の各係数と定数を抜き出して，行列を作ります．

$$\begin{bmatrix} 1 & 1 & -1 \\ 5 & 0 & 2 \\ 0 & 2 & 2 \end{bmatrix} \begin{bmatrix} I_1 \\ I_2 \\ I_3 \end{bmatrix} = \begin{bmatrix} 0 \\ 8 \\ 4 \end{bmatrix}$$

そして，クラメルの公式を利用して，電流 I_1, I_2, I_3 を求めます．

$$I_1 = \frac{\begin{vmatrix} 0 & 1 & -1 \\ 8 & 0 & 2 \\ 4 & 2 & 2 \end{vmatrix}}{\begin{vmatrix} 1 & 1 & -1 \\ 5 & 0 & 2 \\ 0 & 2 & 2 \end{vmatrix}}, \quad I_2 = \frac{\begin{vmatrix} 1 & 0 & -1 \\ 5 & 8 & 2 \\ 0 & 4 & 2 \end{vmatrix}}{\begin{vmatrix} 1 & 1 & -1 \\ 5 & 0 & 2 \\ 0 & 2 & 2 \end{vmatrix}}, \quad I_3 = \frac{\begin{vmatrix} 1 & 1 & 0 \\ 5 & 0 & 8 \\ 0 & 2 & 4 \end{vmatrix}}{\begin{vmatrix} 1 & 1 & -1 \\ 5 & 0 & 2 \\ 0 & 2 & 2 \end{vmatrix}}$$

電流 I_1, I_2, I_3 の計算	計算結果
`>> D=[1 1 -1;5 0 2;0 2 2];`	
`>> A=[0 1 -1;8 0 2;4 2 2];`	
`>> B=[1 0 -1;5 8 2;0 4 2];`	
`>> C=[1 1 0;5 0 8;0 2 4];`	
`>> I1=det(A)/det(D)`	I1 = 1
`>> I2=det(B)/det(D)`	I2 = 0.5000
`>> I3=det(C)/det(D)`	I3 = 1.5000

各抵抗に流れる電流が，I_1 = 1[A], I_2=0.5[A], I_3=1.5[A] と求まりました．

第2章
グラフィックス ―ビジュアライゼーション―

　MATLABは，データ（ベクトルや行列など）をグラフで表示させるための数多くの機能を備えています．2次元データ，3次元データのグラフ表示をはじめ，アニメーションやプレゼンテーショングラフィックスなど高水準コマンドも装備されています．また，MATLABアプリケーションのグラフィカルユーザインターフェース（GUI）が構築可能であるとともに，GUIの外観をカスタマイズすることも可能です．
　ここでは，データのプロットとグラフプロパティの変更方法を中心に，グラフィックスの基本を説明します．

2.1　Figureオブジェクト

　MATLABには，グラフィックス表示（データプロット）と，ユーザインターフェース（UI）コンポーネントを含む，Figureオブジェクトが装備されており，グラフィックスオブジェクトとして扱われます．
　Figureウィンドウを表示させる場合，**figure**関数を使用します．また，グラフィックスをプロットするとき，Figureウィンドウが存在しない場合には，自動的に作成されます．
　Figureウィンドウには，プルダウンメニューとツールバーが含まれ，サイズを変更することが可能です．
　それでは，Figureウィンドウを表示させてみましょう．

Figure ウィンドウの表示	実行結果
`>> figure`	(Figure ウィンドウが表示される)

`>> axis`	`ans =`
	`    0    1    0    1`
	(軸が表示された Figure ウィンドウ)

`figure` 関数を実行すると，Figure ウィンドウが表示されますが，プロットエリアには，何も表示されません．この状態で，`axis` 関数を実行することにより，プロットエリアにグラフの軸が表示されます．

ここでは，`axis` 関数に引数を指定していないため，x 軸，y 軸とも最小値が 0，最大値が 1 となっており，目盛間隔は 0.1 で自動設定されています．

Figure ウィンドウ

Figure ウィンドウおよびその主な構成要素をそれぞれ図 2.1，表 2.1 に示します．

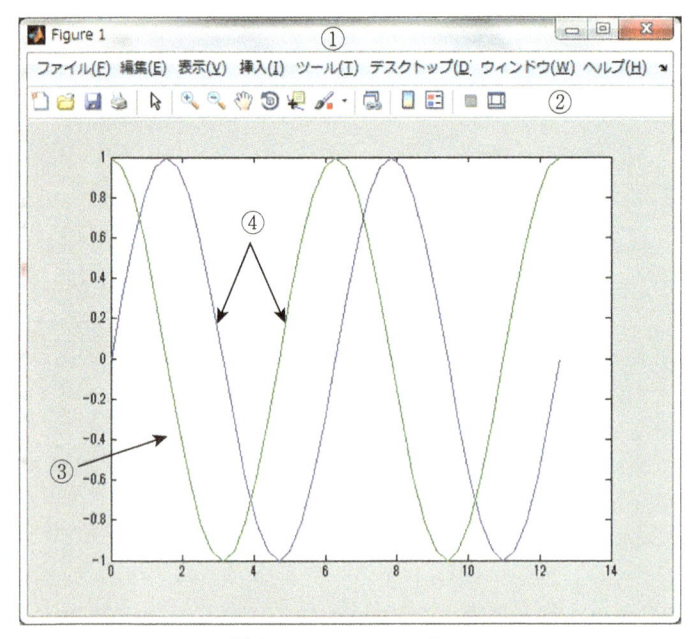

図 2.1 Figure ウィンドウ

表 2.1 Figure ウィンドウの構成要素

番号	要素名	説明
①	Figure ウィンドウ	データプロットと UI インターフェースを含むオブジェクト
②	ツールバー	よく使われる機能へのショートカットボタン
③	プロットエリア（Axes オブジェクト）	一般的にはグラフを表示．プロットされるデータによって，x 軸，y 軸の値を自動的に設定
④	データプロット	`plot` 関数などで指定されたデータを描画

プロット

　プロットは，Figure ウィンドウ内に作成可能なグラフィックスエリアで，ここには表形式データ，幾何学的物体，Surface オブジェクト，Image オブジェクト，注釈（タイトル，凡例，カラーバーなど）を表示させることができます．

　各プロットは，Axes と呼ばれる 2 次元または 3 次元データ空間内に作成され，

座標軸は **axes** 関数または **subplot** 関数を使用して明示的に作成可能です．

グラフは，2 次元または 3 次元の座標軸内のデータのプロットで，MATLAB 関数と GUI によって作成されるほとんどのプロットはグラフと考えてもよいでしょう．グラフには，同時に複数の変数を表示できるタイプとできないタイプがあるので注意が必要です．

グラフィックオブジェクトに関する基本的な関数を表 2.2 に示します．表 2.2 以外にも多くの関数がありますので，詳細はオンラインヘルプまたはほかの文献を参考にしてください．

表2.2　グラフィックオブジェクトに関する基本的な関数

関数名	説明
axes	Figure ウィンドウ内に Axes グラフィクスオブジェクトを作成
clf	アクティブな Figure ウィンドウから，すべてのグラフィックスオブジェクトを削除（Figure ウィンドウは閉じない）
close	アクティブな Figure ウィンドウを閉じる
figure	Figure グラフィックスオブジェクトを作成

2.2　2 次元データのプロット

一般に座学で得た理論を裏づけるために実験を行いますが，その際得られたデータから特性を解析することは必ずしも容易ではありません．そこで，データをグラフで表現してみると，ビジュアライズにより，単にデータを羅列したものではわからなかった特性が明らかになることも少なくありません．

ここでは，2 次元データのプロット（グラフ化）について説明します．

基本的なプロット関数

2.1 節で説明した **figure** 関数は，Figure ウィンドウをオープンする，または，アクティブにするだけで，データをプロットする機能はもっていません．

sin 関数や cos 関数など基本的な 2 次元データは，**plot** 関数を用いてプロットするとよいでしょう．なお，Figure ウィンドウがオープンしていない場合，**plot** 関数を実行することにより，その中で **figure** 関数も実行され，自動的にデータがプロットされた Figure ウィンドウが表示されます．

基本的な 2 次元プロット関数を表 2.3 に示します．

表 2.3 以外にも多くの関数がありますので，オンラインヘルプまたはほかの文献を参考にしてください．

表 2.3 基本的な 2 次元プロット関数

関数名	説明
errorbar	グラフの曲線に沿って，データの信頼区間や誤差を表示
hold	プロットの追加と置き換えを切り替え on：Figure ウィンドウ内のアクティブなプロットと特定の Axes のプロパティを保持 off：Axes プロパティを既定の設定にリセット（初期値） all：Figure ウィンドウ内のアクティブなプロットとすべての Axes のプロパティを保持
loglog	両対数 2 次元プロット 軸が対数である以外は，plot 関数と同じ
plot	線形 2 次元プロット
polar	極座標を直交平面にプロットし，平面上に極グリッドを描画
legend	さまざまな種類のグラフに凡例を配置
title	アクティブな Axes オブジェクトにタイトルを追加
xlabel	アクティブな Axes オブジェクトの x 軸にラベルを付加
ylabel	アクティブな Axes オブジェクトの y 軸にラベルを付加
zlabel	アクティブな Axes オブジェクトの z 軸にラベルを付加

それでは，2 次元データをプロットしてみましょう．

まずは，実際に図 2.2 に示す回路で行ったダイオードの静特性測定結果をプロットします．

x 軸に電圧データ，y 軸にそれぞれの電圧を印加したときの電流データを入力し，それらの関係をプロットしていきます．プロット（Axes オブジェクト）には，タイトル，x 軸ラベル，y 軸ラベルを表示させます．

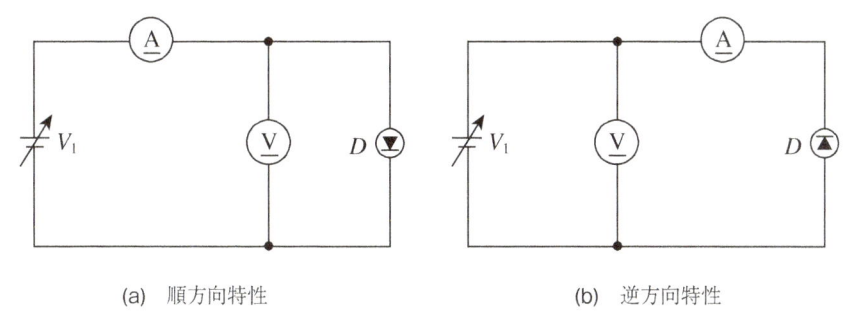

(a) 順方向特性　　　　　　　　　(b) 逆方向特性

図2.2　ダイオード静特性測定回路

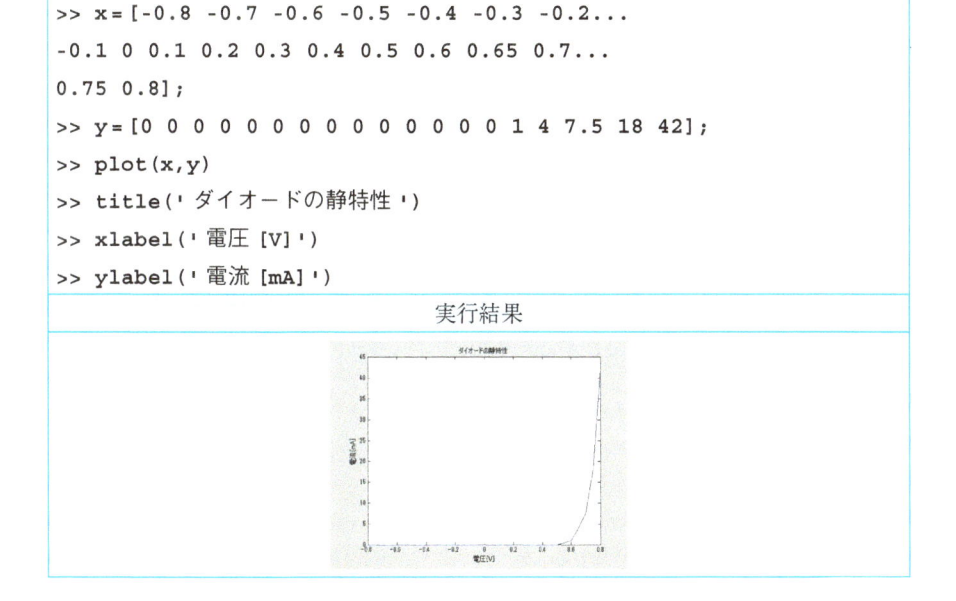

ダイオード静特性測定結果のプロット
| ```
>> x=[-0.8 -0.7 -0.6 -0.5 -0.4 -0.3 -0.2...
-0.1 0 0.1 0.2 0.3 0.4 0.5 0.6 0.65 0.7...
0.75 0.8];
>> y=[0 0 0 0 0 0 0 0 0 0 0 0 0 1 4 7.5 18 42];
>> plot(x,y)
>> title('ダイオードの静特性')
>> xlabel('電圧 [V]')
>> ylabel('電流 [mA]')
``` |
| 実行結果 |

ダイオードのI-V特性がプロットされ，グラフには，タイトル，x軸ラベル，y軸ラベルが表示されていることも実行結果から確認できます．

なお，1つ目のコマンドのように，入力データが多い場合，コマンドウィンドウの1行に入力しきれない場面が出てきます．その場合は，「...」を入力します．このようにすると，画面では改行されていても，1行のコマンドとして扱われます．この方法をマスターしておくと便利でしょう．
```

次に,三相交流をプロットします.三相交流とは,3つの単相交流電源について $120°$（$\frac{2}{3}\pi$[rad]）ずつ位相（タイミング）をずらした交流で,電力を効率よく伝送でき,三相交流に適した負荷が多いことから,主に工場など大電力を消費する場面で用いられています.三相交流のそれぞれの相は U 相,V 相,W 相と呼ばれ,たとえば,各相の起電力の瞬時値は,E_m を最大値とすると,

U 相:$E_U = E_m \sin(\omega t)$

V 相:$E_V = E_m \sin\left(\omega t - \frac{2}{3}\pi\right)$

W 相:$E_W = E_m \sin\left(\omega t - \frac{4}{3}\pi\right)$

のように表されますが,三相交流がどのような電気であるのかが,これらの式だけではわかりにくいと思います.

それでは,これらの式を使って,三相交流をプロットして,波形を可視化してみましょう.ここでは,E_m を 1,ωt を x として扱います.なお,x を 0 [rad] から 4π [rad] まで $\frac{\pi}{100}$ [rad] 間隔として,プロットします.プロットには,タイトル,x 軸ラベル,y 軸ラベル,凡例を表示させます.

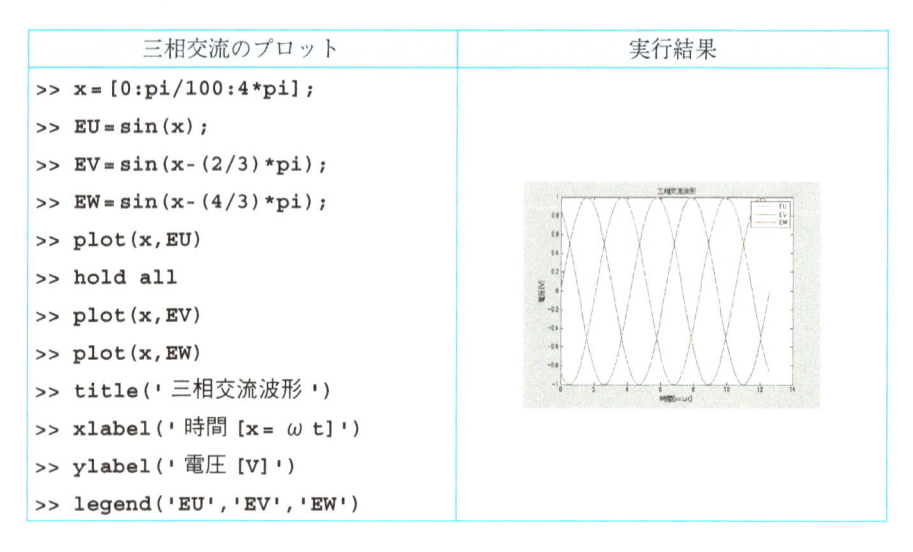

三相交流のプロット	実行結果

`>> x=[0:pi/100:4*pi];`
`>> EU=sin(x);`
`>> EV=sin(x-(2/3)*pi);`
`>> EW=sin(x-(4/3)*pi);`
`>> plot(x,EU)`
`>> hold all`
`>> plot(x,EV)`
`>> plot(x,EW)`
`>> title('三相交流波形')`
`>> xlabel('時間 [x= ω t]')`
`>> ylabel('電圧 [V]')`
`>> legend('EU','EV','EW')`	

U 相,V 相,W 相の波形がプロットされ,グラフには,タイトル,x 軸ラベル,

y 軸ラベル，凡例が表示されていることが確認できます．

　三相交流のように，複数のデータをプロットする場合，凡例を表示させることにより，どのデータをプロットしているのかが明確になり，より見やすくなるでしょう．

特殊プロット関数

　MATLAB には，先程説明した基本的なプロット関数のほかに，棒グラフ，円グラフ，ヒストグラム，方向／速度ベクトル，等高線図などをプロットする場合に有用な特殊プロット関数が装備されています．

　基本的な特殊プロット関数を表 2.4 に示します．

　表 2.4 以外にも多くの関数がありますので，オンラインヘルプまたはほかの文献を参考にしてください．

表 2.4　特殊プロット関数

関数名	説明
`bar`	ベクトルまたは行列に含まれるデータを棒グラフで表示
`pie`	ベクトルまたは行列に含まれるデータを使って円グラフを描画
`hist`	データの分布をプロット
`stem`	x 軸に沿ったベースラインに自動的に作成した点から伸びる y 軸と平行な線としてデータをプロット
`quiver`	矢印または速度ベクトルをプロット
`contour`	行列の等高線図をプロット
`scatter`	同じサイズの 2 つのベクトルで指定された位置に円を表示させることにより，散布図をプロット

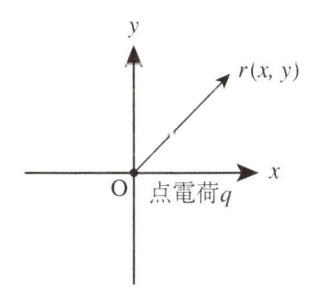

図 2.3　原点に置いた点電荷

ここでは，原点（$x=0$, $y=0$）に点電荷 q を置いたときの電気力線と等電位面をプロットします．

　原点に点電荷を置いたイメージを図2.3に示します．

　電気力線は，電界（電場）の中で電荷の間に働く電気力（引力や反発力）を表す仮想的な線（ベクトル）で，ある点における電界の強さは電気力線密度に比例していると定義されています．

　等電位面は，ある空間内で電位が等しい点を結んでできた面のことです．図2.3に示す原点から距離 r にある点における電位 V，電界の x 成分 E_x, y 成分 E_y はそれぞれ，

$$V = \frac{kq}{\sqrt{x^2+y^2}} \quad [\text{V}]$$

$$E_x = \frac{kqx}{\sqrt{(x^2+y^2)^3}} \quad [\text{V}/\text{m}]$$

$$E_y = \frac{kqy}{\sqrt{(x^2+y^2)^3}} \quad [\text{V}/\text{m}]$$

の式で表されます．ただし，k はクーロン定数です．

　それでは，これらの式を用いて，原点に置いた点電荷の電気力線，等電位面をプロットしましょう．プロットには，タイトル，x 軸ラベル，y 軸ラベルを表示させます．なお，$k=1$，$q=4$ とし，x, y とも値の範囲を -2 から 2 まで，0.5間隔でプロットします．

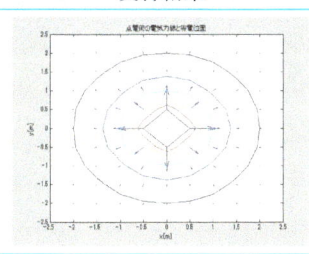

電気力線・等電位面のプロット
| ```
>> [x,y]=meshgrid(-2:.5:2); V=4*sqrt(x.^2+y.^2).^-1;
>> Ex=4*x.*(x.^2+y.^2).^(-3/2); Ey=4*y.*(x.^2+y.^2).^(-3/2);
>> quiver(x,y,Ex,Ey)
>> hold on
>> contour(x,y,V)
>> hold off
>> title('点電荷の電気力線と等電位面'); xlabel('x[m]'); ylabel('y[m]')
``` |
| 実行結果 |

　原点 (0,0) を中心としたプロットエリアに電気力線と等電位面が描画され，グラフには，タイトル，x 軸ラベル，y 軸ラベルが表示されていることが確認できます．

　今回は，後述する `meshgrid` 関数で 2 次元配列を生成し，`quiver` 関数で電気力線をプロット，さらに，`contour` 関数で等電位面をプロットさせました．電気力線をプロットした直後に，`hold on` 関数を実行することにより，電気力線や x 軸，y 軸の範囲などを保持しています．この状態であれば，電気力線の上に重ねて等電位面をプロットすることができます．

　電気力線や等電位面など，表計算ソフトでプロットすることは容易ではないデータも，MATLAB に装備されているさまざまな関数を用いることにより，プロット可能となります．

2.3　3 次元データのプロット

　MATLAB には，2 次元データだけでなく，3 次元データをプロットするための機能も備わっています．

　ここでは，3 次元データのプロットについて説明します．
```

基本的な3次元プロット関数

3次元データをプロットする場合，`plot3`関数を使うことが多いでしょう．`plot3`関数は，引数として新たな座標軸（z軸）が追加されているとき以外は，`plot`関数と同じ機能をもっており，同様に使うことができます．

基本的な3次元プロット関数を表2.5に示します．表2.5以外にも多くの関数がありますので，オンラインヘルプまたはほかの文献を参考にしてください．

表2.5 基本的な3次元プロット関数

関数名	説明
`plot3`	線形3次元プロット
`bar3`	ベクトルまたは行列に含まれるデータを3次元の棒グラフで表示
`contour3`	3次元等高線図をプロット
`quiver3`	3次元空間において矢印または速度ベクトルをプロット
`peaks`	ガウス分布の変換とスケーリングにより得られた2変数のサンプル関数

それでは，`peaks`関数を実行してみましょう．

peaks 関数	実行結果
`>> peaks`	``` z = 3*(1-x).^2.*exp(-(x.^2) - (y+1).^2) ... - 10*(x/5 - x.^3 - y.^5).*exp(-x.^2-y.^2) ... - 1/3*exp(-(x+1).^2 - y.^2) ```

`peaks`関数を実行することにより，得られた2変数関数（$z=3(1-x)^2\exp(-x^2-(y+1)^2)\cdots$）から49行49列のピークが作成され，3次元イメージがプロットされました．

表面プロット関数

MATLABのグラフでは，x-y座標平面にあるグリッドの上方にある点のz座標によって，面の位置が決まり，隣り合った点を直線で結ぶことにより，プロットされます．表面プロットは，数値書式で表示するには大きすぎる行列を可視化する，あるいは，2変数関数をグラフ化するのに有効です．

前項では，**peaks**関数を実行することにより，3次元表面プロットを作成しました．一般的に2変数関数$z=f(x,y)$は，独立変数x, yを与えたときにzがある規則で計算可能なことを示していますが，MATLABでこの関数を計算した結果をプロットする場合，独立変数x,yは2次元配列であることが必要です．MATLABでは，3次元プロットで用いるための座標データ（2次元配列）を作成する関数として，**meshgrid**関数が用意されています．

2変数関数をプロットする場合，あらかじめ**meshgrid**関数を実行して，2次元配列を作成しておくとよいでしょう．

3次元表面プロット関数を表2.6に示します．表2.6以外にも関数が用意されていますので，オンラインヘルプまたはほかの文献を参考にしてください．

表2.6　3次元表面プロット関数

関数名	説明
`mesh`	2次元配列を利用して，3次元のワイヤーフレームメッシュをプロット
`surf`	2次元配列を利用して，3次元の影つきサーフェスをプロット
`surfc`	3次元の影つきサーフェスと等高線図（`contour`関数）をプロット
`meshgrid`	2次元座標配列，3次元座標配列を生成

ここでは，図2.3で示した原点に置いた点電荷の電位分布を3次元でプロットしてみます．図2.3に示す原点から距離rにある点における電位Vは，先述したように，

$$V = \frac{kq}{\sqrt{x^2+y^2}} \quad [\text{V}]$$

となります．この式を用いて，原点に置いた点電荷の電位分布をプロットしましょう．プロットには，タイトル，カラーバー，x軸ラベル，y軸ラベル，z軸ラベルを表示させます．なお，$k=1$, $q=1$とし，x, yとも値の範囲を-1から1まで

0.05 間隔でプロットします．

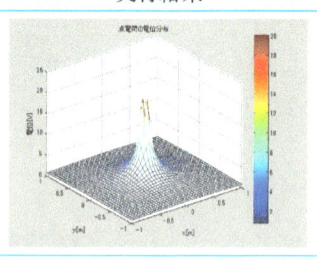

点電荷の電位分布のプロット
| ```
>> [x,y]=meshgrid(-1:0.05:1);   z=sqrt(x.^2+y.^2).^-1;
>> mesh(x,y,z);   colorbar
>> title('点電荷の電位分布');
>> xlabel('x[m]');   ylabel('y[m]');   zlabel('電位 [V]')
``` |
| 実行結果 |
| (図) |

原点 (0,0) を中心としたプロットエリアに点電荷の電位分布が3次元表面プロットされ，グラフには，タイトル，カラーバー，x軸ラベル，y軸ラベル，z軸ラベルが表示されていることが確認できます．

今回は，`meshgrid` 関数で2次元配列を生成し，`mesh` 関数で電位分布をプロットし，さらに，`colorbar` 関数でカラーバーを表示させました．このように，電位分布を3次元表面プロットして可視化したことにより，原点付近の電位が非常に高くなっていることが一目でわかり，空間における電位がイメージしやすくなりました．

2.4 複数グラフの描画

一般的に Figure ウィンドウには，1つのプロットエリアが表示されますが，システム入出力の関係をプロットしようとする場合，複数のプロットエリアに入出力それぞれのデータをプロットすることにより，関係をより明確に表すことができます．

このような場合，`subplot` 関数を用いて，Figure ウィンドウに表示する Axes オブジェクトの表示制御を行います．

`subplot` 関数の書式と機能を表 2.7 に示します．
```

2.4 複数グラフの描画

表2.7 `subplot`関数の書式と機能

書式	説明
`subplot(m,n,p)`	Figureウィンドウをm行n列のグリッドに分割し，グリッドのp番目の位置にあるAxesオブジェクトをアクティブにして，そのAxesのハンドルを返す

Figureウィンドウを2行2列に分割し，その2番目に位置するAxesオブジェクトにデータをプロットしたい場合は，コマンドウィンドウに`subplot(2,2,2)`と入力します．`subplot`関数の実行イメージを図2.4に示します．

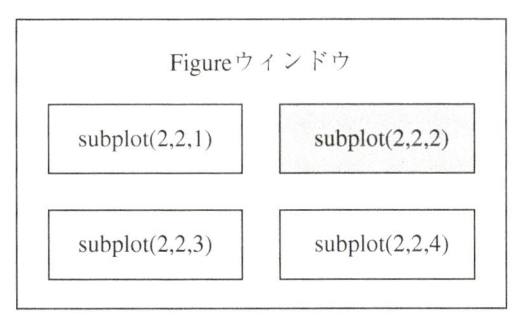

```
┌─────────────────────────────────────┐
│          Figureウィンドウ            │
│  ┌──────────────┐ ┌──────────────┐  │
│  │ subplot(2,2,1)│ │subplot(2,2,2)│  │
│  └──────────────┘ └──────────────┘  │
│  ┌──────────────┐ ┌──────────────┐  │
│  │subplot(2,2,3)│ │subplot(2,2,4)│  │
│  └──────────────┘ └──────────────┘  │
└─────────────────────────────────────┘
```

図2.4 `subplot`関数の実行イメージ

`subplot(2,2,2)`を実行することにより，図2.4に示すようにFigureウィンドウが2行2列のプロットエリアに分割され，網掛けをしているAxesオブジェクトがアクティブとなります．データはプロットされませんので注意が必要です．データをプロットしたい場合は，さらに`plot`関数を使用します．

ここでは，図2.5に示すトランジスタ増幅回路の入力電圧v_iと出力電圧v_oをプロットしてみます．

図2.5に示す回路のv_iとv_oの関係を式で表すと，

$$v_o = -A_v v_i \, [\mathrm{V}]$$

となります．ここで，A_vは電圧増幅度で，

$$A_v = \frac{\Delta v_o}{\Delta v_i}$$

の式で表されます．

これらの式から，トランジスタは入力信号ではなく，入力信号の変化分を増幅

していることがわかります．

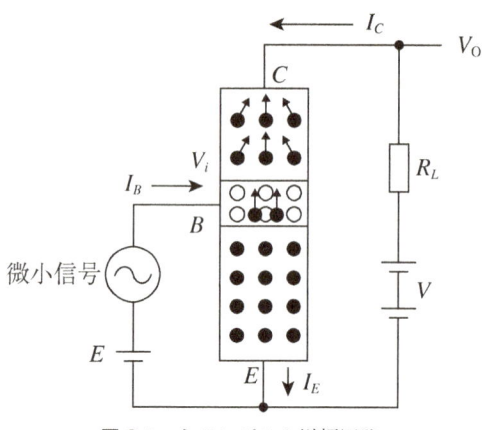

図2.5 トランジスタ増幅回路

それでは，これらの式を使って，トランジスタの入力電圧，出力電圧をプロットしてみましょう．プロットには，タイトル，x軸ラベル，y軸ラベルを表示させます．なお，$E=0.7[V]$，$V=5[V]$，$A_v=10$，入力信号v_iを振幅0.2[V]の正弦波とし，時間（$x=\omega t$）の範囲を0から7πまで，$\frac{\pi}{10}$間隔でプロットします．

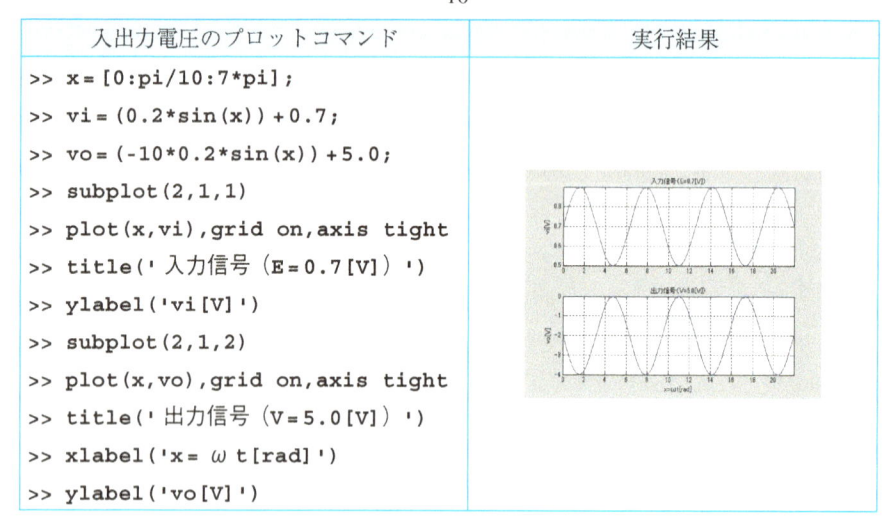

入出力電圧のプロットコマンド	実行結果
```>> x=[0:pi/10:7*pi];` `>> vi=(0.2*sin(x))+0.7;` `>> vo=(-10*0.2*sin(x))+5.0;` `>> subplot(2,1,1)` `>> plot(x,vi),grid on,axis tight` `>> title('入力信号（E=0.7[V]）')` `>> ylabel('vi[V]')` `>> subplot(2,1,2)` `>> plot(x,vo),grid on,axis tight` `>> title('出力信号（V=5.0[V]）')` `>> xlabel('x=ω t[rad]')` `>> ylabel('vo[V]')```	

実行結果をみてみましょう．Figureウィンドウの上部に入力電圧の変化が，下

部に出力電圧の変化が出力されています．

`subplot`関数を使うことにより，この例のように，入出力の関係を可視化して，イメージを明確にできる効果もあります．

v_oはv_iと比較して，位相（波形の山と谷）が反転しています．また，振幅はグラフの見た目からは違いがわかりませんが，v_oはv_iと比較してy軸の値が1桁違っており，10倍増幅されていることに気づきます．

このように信号が増幅し，かつ位相が反転していることを反転増幅といい，トランジスタの基本機能の1つとして利用されています．

2.5 ビューポイントの設定

3次元データをプロットしたとき，視点を変えるとより見やすくなる，あるいは傾向がわかりやすくなる場合があります．

MATLABには，ビューポイントを設定するための`view`関数が用意されており，`view`関数を実行することにより，プロットエリアの視点を変えることもできます．MATLABでは，3次元プロットのビューポイントが，図2.6に示すようにデフォルトで，x-y平面の極座標の角度（方位角：AZ）が$-37.5°$，x-y平面の上下の角度（高度：EL）が30°に設定されています．

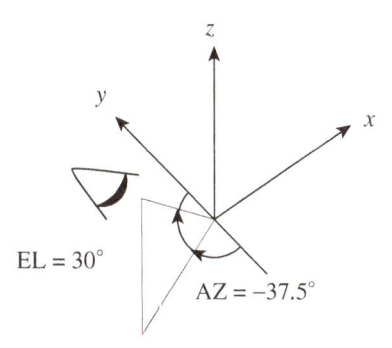

図2.6 3次元プロットのビューポイント（デフォルト）

`view`関数の書式と機能を表2.8に示します．

表 2.8 view 関数の書式と機能

書式	説明
`view(az,el)`	方位角（az），仰角（高度：el）を deg(°) で指定し，アクティブな Axes オブジェクト（3 次元プロット）の視点を設定
`view(2)`	2 次元プロットの視点をデフォルト（az=0°，el=90°）に設定
`view(3)`	3 次元プロットの視点をデフォルト（az=-37.5°，el=30°）に設定

それでは，view 関数を使って視点を変えてみましょう．以下のようにコマンドウィンドウに入力します．

視点の変更	実行結果
```\n>> [x,y]=meshgrid(-1:0.05:1);\n>> z=sqrt(x.^2+y.^2).^-1;\n>> subplot(2,2,1)\n>> mesh(x,y,z)\n>> title('Default View AZ=-37.5 EL=30')\n>> subplot(2,2,2)\n>> mesh(x,y,z), view(0,0)\n>> title('View point AZ=0 EL=0')\n>> subplot(2,2,3)\n>> mesh(x,y,z), view(-37.5,90)\n>> title('View point AZ=-37.5 EL=90')\n>> subplot(2,2,4)\n>> mesh(x,y,z), view(-45,10)\n>> title('View point AZ=-45 EL=10')\n```	

この例では，2.3 節でプロットした点電荷の電位分布について，視点を変えて 4 通りプロットしました．

さまざまな視点でデータをプロットすることにより，傾向がより明確になることも多いと思いますので，view 関数の使い方をマスターしておくと便利でしょう．

2.6 グラフィックスプロパティ

グラフィックス関数によって作成したグラフィックスは，Axes や Surface のよ

うに，オブジェクトとして管理されています．さらに，これらのオブジェクトは，子オブジェクトをもっており，たとえば，Axes オブジェクトの場合，コアオブジェクト，Plot オブジェクト，グループオブジェクトの親であると同時に Figure オブジェクトの子でもあります．

グラフィックスオブジェクトは，各オブジェクトに固有なハンドル番号で管理されるとともに，それぞれにオブジェクト情報を保存するためのプロパティをもっています．

ほとんどのプロパティは，ユーザが値を指定できるようになっています．そして，グラフの線の種類や色など，各オブジェクトのプロパティ値を操作する機能のことを Handle Graphics と呼んでいます．

プロットツール

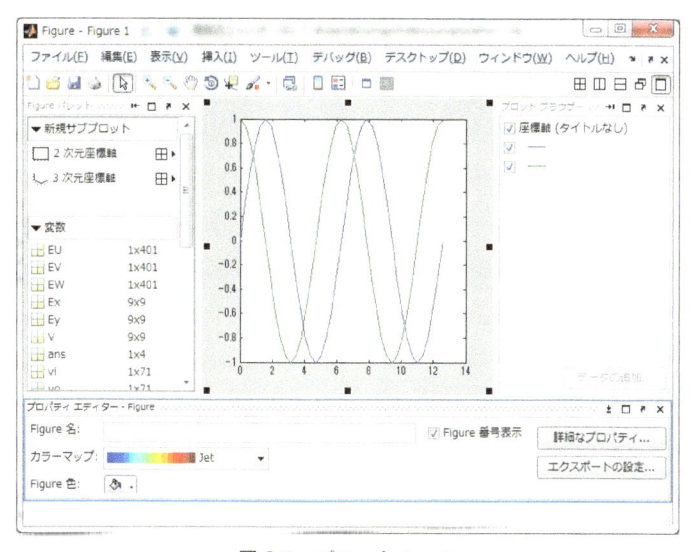

図 2.7 プロットツール

MATLAB では，グラフィックスの詳細な設定を行うためのプロットツールが用意されています．プロットツールを利用することにより，さまざまなタイプのグラフを作成する，Figure ウィンドウ内のサブプロットを簡単に作成・操作する，グラフィックスオブジェクトにプロパティを設定するなどといったことがインタ

ラクティブに実行可能となります．

図 2.7 に示すプロットツールは，サブプロットの座標軸の作成と配置などで使用する Figure パレット，Figure ウィンドウにプロットされた Axes オブジェクト，または，グラフィックスオブジェクトの可視を選択・操作するために使用するプロットブラウザー，アクティブなオブジェクトの一般的なプロパティを設定するために使用するプロパティエディターと Axes オブジェクトから構成されています．

図 2.7 では，すべてのウィンドウをドッキングさせて表示していますが，それぞれのウィンドウを分離した形で表示させることもできます．通常は，プロパティエディターのみでさまざまな設定をすることが多いと思います．

プロパティエディターによるプロットの設定

それでは，図 2.8 に示すような Figure ウィンドウを作成していきます．

まず，ベースになるデータをプロットした後，プロパティエディターでそれぞれのプロパティを設定し，最終的に図 2.8 のプロットを表示させるよう操作していきます．

ベースになるデータとして，余弦波波形（Cosine）を 0 から 6π[rad] まで，$\frac{\pi}{100}$[rad] ごとにプロットします．

実際には，コマンドウィンドウからプロパティを設定するための関数を入力することにより，値を変えることができますが，ここでは，プロパティエディターを使って設定していく方法で説明します．

それでは，ベースになるデータをプロットしましょう．

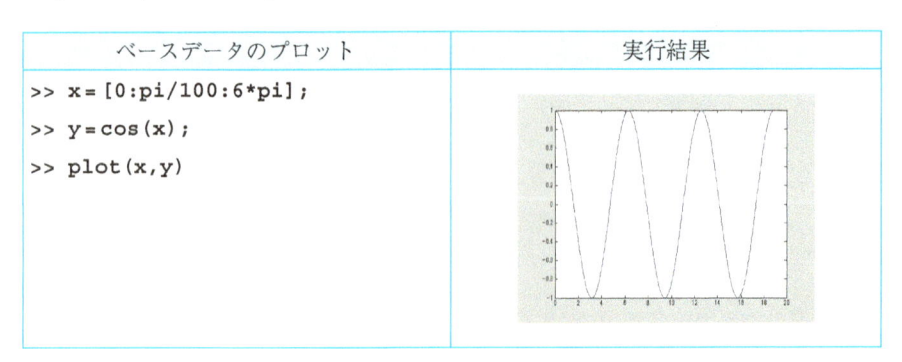

ベースデータのプロット	実行結果
``>> x=[0:pi/100:6*pi];
>> y=cos(x);
>> plot(x,y)```	

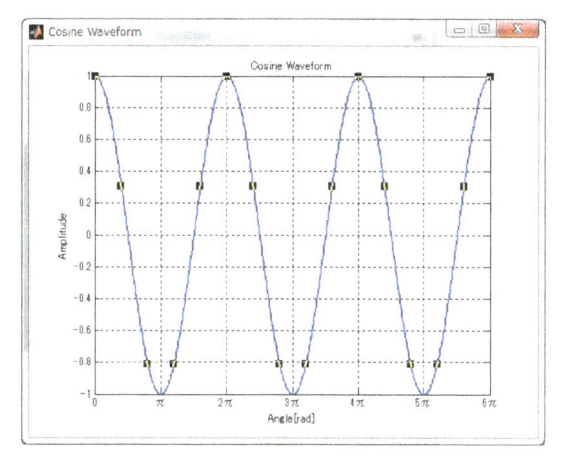

図 2.8　作成する Figure ウィンドウ

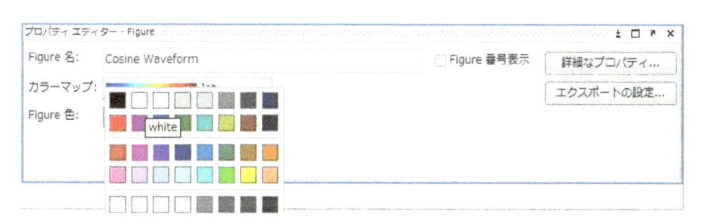

図 2.9　プロパティエディター

　ベースのデータをプロットした後，Figure ウィンドウのメニューバーから「表示」→「プロパティ エディター」の順にクリックすると，図 2.9 に示すようなプロパティエディターが表示されます．

　プロパティエディターが表示された直後は，Figure（ウィンドウ）名，カラーマップ，プロットエリアの背景色が設定できるようになっています．

図 2.10　Inspector ウィンドウ

　まず，Figure 名（Name）のテキストボックスに「Cosine Waveform」と入力し，Figure 番号表示のチェックをはずします．続いて，Figure 色の右側のボタンをクリックし，カラーパレットから「white（白）」選択します．

　次に，詳細な設定をしていきます．まず，プロパティエディターの右上にある「詳細なプロパ

ティ...」ボタンをクリックし，図 2.10 に示す Inspector ウィンドウを表示させます．その中の MenuBar プロパティの設定を「figure」から「none」に変え，メニューバーを表示させないようにします．

図 2.11 に示すように，タイトルバーに「Cosine Waveform」が表示され，Figure ウィンドウの背景が白に変わりました．また，メニューバーがなくなっているのが確認できます．

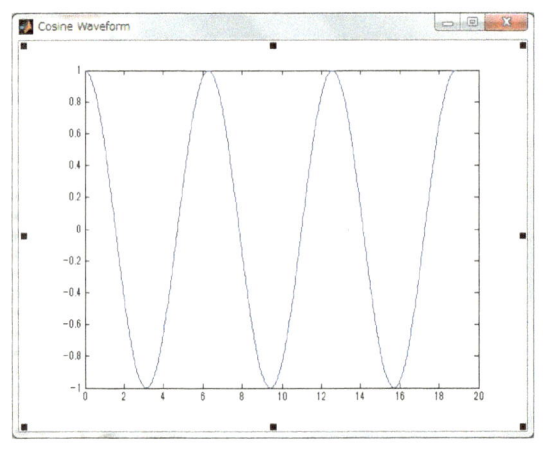

図 2.11　Figure ウィンドウの設定結果

続いて，各プロットを設定していきます．ここでは，タイトル，グリッド，x 軸の目盛，x 軸，y 軸のラベル，Axes オブジェクトのラインの設定を変更します．

まず，Axes オブジェクトをクリックすると，図 2.12 に示す Axes オブジェクトに対するプロパティエディターが表示されます．

図 2.12　Axes オブジェクトのプロパティエディター

Axes オブジェクトのタイトルを「Cosine Waveform」と入力し，グリッドの X，Y にチェックを入れ，X 軸タブをクリックして，X ラベルに「Angle[rad]」と入力，

X範囲を0から18.84と設定し，目盛をクリックすると軸目盛りの編集ウィンドウが表示されるので，図2.13に示すように入力します．さらに，Y軸タブをクリックして，Yラベルに「Amplitude」と入力します．

図2.13 軸目盛りの編集ウィンドウ

続いて，Figureウィンドウ内のCosine波形をクリックして，図2.14に示すようにラインを2.0に設定します．

図2.14 Lineseriesのプロパティエディター

これら一連の操作により，それぞれのプロパティが設定され，結果として図2.8に示すFigureウィンドウが表示されました．

先述したように，コマンドウィンドウから`set`関数を用いて，プロパティを設定する方法もありますので，オンラインヘルプを参考にしてください．

第3章
MATLAB プログラミング—M-ファイル—

第2章までコマンドウィンドウにその都度，関数やコマンドを入力することにより，各種演算やプロットを実行してきましたが，一連の処理をまとめて実行したい，あるいは高度な処理を段階的に実行したい場合があると思います．

このような場合，MATLAB に用意されているプログラミング機能を活用します．プログラミング機能を用いて作成した一連のコマンド（スクリプト）や関数は，拡張子 .m で表されるテキストファイルに保存され，MATLAB ではスクリプトファイルまたは M-ファイルと呼ばれます．

3.1 M-ファイル

M-ファイルは，一連のコマンド・関数をまとめて実行するための処理を記述した M-ファイルと，ユーザ定義の関数を記述した関数 M-ファイルに分類されます．M-ファイルは，実行したいコマンド・関数を順番に記述していくのに対して，関数 M-ファイルには，入出力の関係を記述した「`function`」ではじまる関数定義行が必要となります．

MATLAB はプログラム言語としてみればインタープリタ言語です．ですから，スクリプトを記述する際には，実行したい順番に記述すればよいということになります．コンパイルやリンクは行いません．

また，M-ファイルはテキストファイルなので，MATLAB エディターで作成・編集することができます．

MATLAB エディターは，デスクトップウィンドウのメニューバーから，「ファイル」→「新規作成」→「スクリプト」を選択する，あるいは，ツールバーの新規スクリプトボタンをクリックする，また，コマンドウィンドウに `edit` と入力し，Enter キーを押すことによっても起動します．

MATLABエディターを図3.1に示します．MATLABエディターは，MATLABのプログラムを記述するためのツールで，基本的なテキスト編集機能のほかに，ソースコードのデバッグ機能も装備しています．

M-ファイルに記述した変数は，ワークスペースに保存されている変数と同じ規則が適用されるため，M-ファイル実行時に使用した変数は，ワークスペースに残ります．ですから，ワークスペースに保存されている変数名とM-ファイル実行時に使用した変数名が同じであった場合，あとから実行されたM-ファイルの変数値に置き換わってしまいます．注意が必要です．

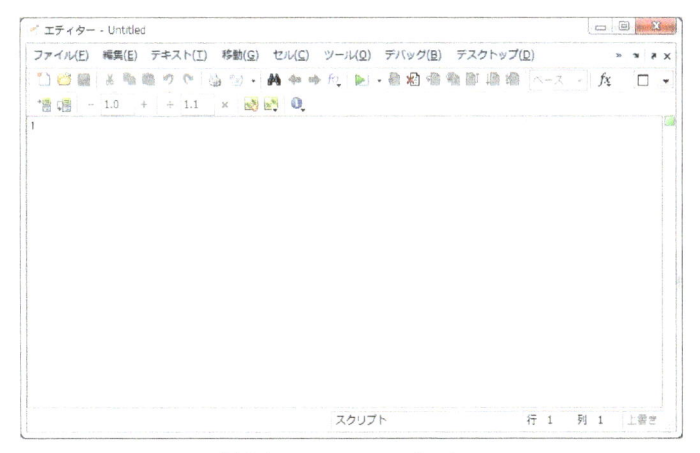

図3.1　MATLABエディター

M-ファイル作成・編集後に保存する際，新規作成後なら「ファイル」→「名前を付けて保存」を選択し，ファイルの選択ウィンドウのファイル名に適当な名前を入力し，「保存」をクリックします．既存のファイルを編集後なら，ツールバーの保存ボタンをクリックします．

M-ファイルは，一連のMATLABコマンド・関数を自動的に実行するための処理を記述したファイルで，入出力引数がありません．一連のスクリプトをまとめて処理するバッチファイルをイメージするとわかりやすいでしょう．関数M-ファイルと区別するため，スクリプトM-ファイルとも呼ばれています．

M-ファイルのデバッグ（セルモード）

M-ファイルをデバッグする場合，短いスクリプトであれば容易に作業が行えますが，長いスクリプトの場合，作業に手間がかかることはいうまでもありません．M-ファイルは複数のセクションで構成されていることが多く，その中のある1つのセクションに対してデバッグを行うことも少なくないでしょう．

そのような場合，MATLABエディターに装備されているコードセルという機能を使い，セルモードでデバッグすると作業効率がよくなります．コードセルとは，スクリプトのある部分を1つのセクション（セル）として扱うことを可能とする機能で，行の先頭にセルブレーク（セルディバイダ）という2つのパーセント記号「`%%`」を挿入して，コードセルの境界を明示的に定義します．

通常，M-ファイルはファイル全体が実行されますが，コードセルを利用することにより，定義したセクションのみデバッグすることが可能となります．また，MATLABエディターのセルモードを使って，セルに記述した変数の値を変更して段階的に実行させることも可能となります．

それでは，セルモードを試してみましょう．まず，図3.2に示すsine_cell.mを作成します．

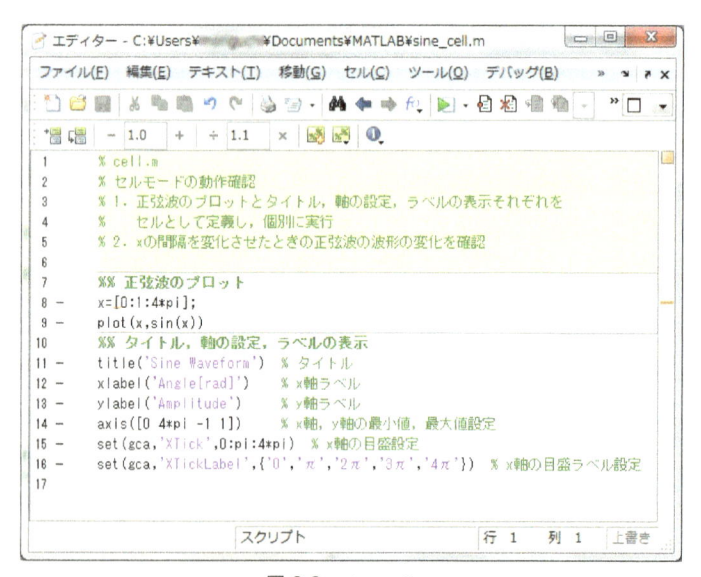

図 3.2　sine_cell.m

このスクリプトでは，正弦波のプロットを行うセルとタイトルの表示，軸，ラベルの設定・表示を行う2つのセルを定義しました．

次に，セルモードで実行します．まず，7行目をクリックして，「セルを実行して進める」ボタン □ をクリックすると，図3.3(a)に示す正弦波がプロットされたFigureウィンドウが表示されるとともに，カーソルが10行目に移動して次のセルがアクティブになります．続いて，「セルの実行」ボタン □ をクリックすると，図3.3(b)に示す正弦波のプロットに，タイトル，軸ラベル，設定した目盛ラベルが表示されます．

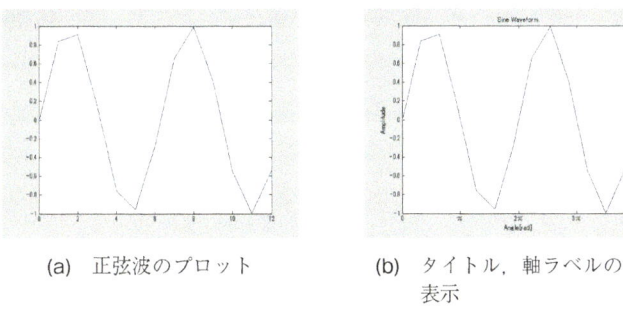

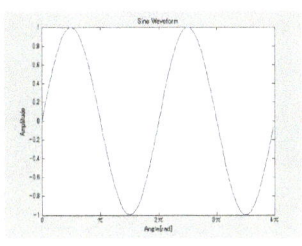

(a) 正弦波のプロット

(b) タイトル，軸ラベルの表示

(c) 正弦波の平滑化

図3.3　セルモードの実行

最後に，セルモードを使って，プロットされている正弦波を滑らかにしてみましょう．まず，左側の数値ボックス - 1.0 + に 0.1 と入力します．次に，8行目の「1」の右側をクリックし，- 0.1 + の「-」を8行目の「1」が「0.1」になるまで続けてクリックすることにより，図3.3(c)に示すように，正弦波が滑らかになりました．

このように，セルモードを使って変数の値を変えることにより，アクティブな

グラフのプロットもリアルタイムに変化させることができ，その場でデバッグの結果を確認することができます．

デバッグの際，セルモードは非常に有用ですので，使い方をマスターしておくとよいでしょう．

続いて，List3-1 に示す Sine_Pulse.m を作成し，実行してみましょう．

スクリプトに記述した「`%`」は，コメントを表し，「`%`」以降は，実行されません．コメントを追加しておくと，スクリプトをメンテナンスする際に便利でしょう．

Sine_Pulse.m を実行するには，スクリプト作成後，コマンドウィンドウに **Sine_Pulse** と入力し，Enter キーを押してください．

```
List3-1   Sine_Pulse.m
 1: % Sine_Pulse.m
 2: % 正弦波から矩形波を生成
 3:
 4: % 0から4πまで，pi/100間隔で正弦波をプロット
 5: x = 0:pi/100:4*pi;
 6: siny = sin(x);
 7: plot(x,siny);
 8: % 重ねて高調波をプロットするために Axes の状態を保持
 9: hold all
10: % 基本波に第3高調波を加えてプロット
11: sin3y = sin(x) + sin(3*x)/3;
12: plot(x,sin3y);
13: % 基本波に第1，第3，第5，…第21，第23，第25高調波を加えてプロット
14: sin25y = sin(x) + sin(3*x)/3 + sin(5*x)/5 + sin(7*x)/7 + sin(9*x)/9 +...
15:        sin(11*x)/11 + sin(13*x)/13 + sin(15*x)/15 + sin(17*x)/17 +...
16:        sin(19*x)/19 + sin(21*x)/21 + sin(23*x)/23 + sin(25*x)/25;
17: plot(x,sin25y);
18: hold off
19: % タイトル，x軸，y軸ラベル，凡例の表示とx軸目盛表示の設定・変更
20: title('Sine Waveform to Pulse Waveform')    % タイトル
21: xlabel('Angle[rad]')                         % x軸ラベル
22: ylabel('Amplitude')                          % y軸ラベル
```

23 :	`axis([0 4*pi -1 1])`　　　　　　　% x軸，y軸の最小値，最大値設定
24 :	`set(gca,'XTick',0:pi:4*pi)`　　　　% x軸の目盛設定
25 :	`set(gca,...`
26 :	`'XTickLabel',{'0','`π`','2`π`','3`π`','4`π`'})`% x軸の目盛ラベル設定
27 :	`legend('sinx','sin3x','sin25x')`　　% 凡例表示設定
実行結果	
（グラフ）	

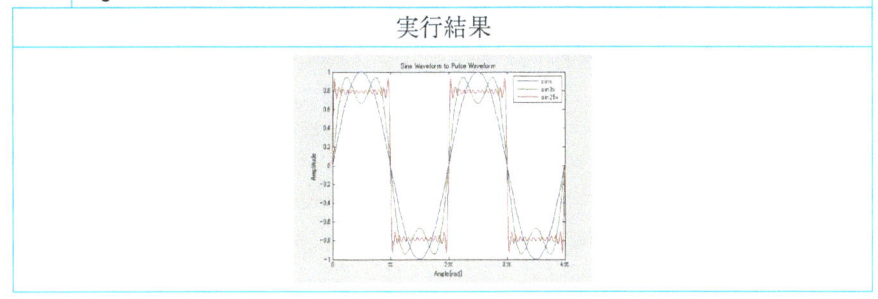

「`x = 0:pi/100:4*pi;`」から「`legend('sinx','sin3x','sin25x')`」まで，記述した順番に処理され，実行結果に示すFigureウィンドウが表示されます．

3.2 関数M-ファイル

　関数M-ファイルは，基本的にM-ファイルと同様に扱うことができますが，入出力引数が必要であること，入出力の関係を記述した「**function**」ではじまる関数定義行が必要であることが異なります．

　また，関数M-ファイルに記述した変数は，関数内部のワークスペースのみで使用する，すなわち，ローカル変数として扱われるので，M-ファイルに記述した関数と違い，関数M-ファイル実行後に削除されます．

　したがって，M-ファイルに記述した変数と同様，グローバル変数として扱いたい場合は，**global** ステートメントを使用して，共有化する必要があります．ただし，グローバル変数を多用すると，結果として，その場限りの関数となってしまい，汎用性が低くなることを考慮しなければなりません．

　関数M-ファイルでは，先述したように「**function**」ではじまる関数定義を1行目に

　　　`function [out1,out2…] = function_name [in1,in2…]`

の書式で記述するだけで，それ以降は基本的にM-ファイルと同じであると考え

てよいでしょう．

それでは，List3-2 に示す average.m を作成し，実行してみましょう．

List3-2　average.m
1: `function y = average(x)`
2: `% ベクトル要素の平均を計算`
3: `% ベクトル x の関数 average(x) は，ベクトル要素の平均を計算します`
4: `% x がベクトルでない場合は，エラーメッセージを返します`
5: `[m,n] = size(x);`　　　`% x がベクトルであるかどうかの確認`
6: `% x がベクトルでない場合の処理`
7: `if (~((m == 1)	(n == 1))	(m == 1 & n == 1))`
8: 　　`error('ベクトルを入力してください')`
9: `end`
10: `y = sum(x)/length(x);`　　　`% ベクトル要素の平均を求める`

平均の計算	計算結果
`>> x=1:100;`	`ans =`
`>> average(x)`	`50.5000`
`>> x=[1 2;3 4];`	`エラー average (line 10)`
`>> average(x)`	`ベクトルを入力してください`

1 行目の「`function y = average(x)`」は，関数定義行といい，関数 M-ファイルを作成する際は，必ず記述します．

関数定義行を記述することにより，スクリプトが関数 M-ファイルであることや関数を呼び出すときに引数を設定する必要があることが MATLAB に伝えられます．

2 行目は，H1 行と呼ばれ，関数定義行の直後に記述します．H1 行は，コマンドウィンドウで `help average` ステートメントを実行したときに，最初に表示されるヘルプテキストです．コメントのテキストで構成されているため，先頭に「`%`」を記述しています．

3, 4 行目は，ヘルプテキストと呼ばれ，MATLAB では，H1 行に続く「`%`」ではじまる行が，関数のヘルプテキストであるとみなされ，`help average` ステートメントを実行したとき，H1 行とともに表示されます．

5 行目以降は，M-ファイルと同様，記述した順番に実行されます．

average.m はベクトル要素の平均を求める関数で，入力がベクトルである必要があります．もし，2番目の実行例のように行列を入力した場合は，「ベクトルを入力してください」というエラーメッセージが表示されます．

3.3 関数ハンドル

関数ハンドルは，MATLABが関数を実行する，あるいは計算を実行するために必要な関数のすべての情報をもつMATLABのデータタイプで，任意のMATLAB関数に対して作成することが可能です．

関数ハンドルは，一般的に関数を参照するために使用されますが，異なる引数タイプを取り扱うために，関数メソッドの選択や多重定義の選択を表すこともあります．

関数ハンドルを使用すると
- 関数アクセス情報をほかの関数に渡すこと
- 多重定義関数のすべてのメソッドを取り込むこと
- サブ関数やプライベート関数へ広範にアクセスすること
- 関数を計算する際の信頼性を高めること
- ユーザ関数を定義するファイル数を削減すること
- 繰り返し演算の中で性能が向上させること
- 配列，構造体，セル配列の中のハンドルを取り扱うこと

が可能となります．

詳細については，オンラインヘルプまたはほかの文献を参考にしてください．

関数ハンドルの作成

関数ハンドルを作成する場合，関数の前に記号「@」を用いて定義します．構文を以下に示します．

```
fhandle = @functionname
```

ここで，`fhandle` は出力された関数ハンドルを代入する変数です．たとえば，MATLABパス上にある `plot` 関数のハンドル h を作成する場合，コマンドウィンドウに，

```
h = @plot;
```

と入力します.

　関数ハンドルを作成することにより，関数名を使用する代わりにハンドルによって関数を呼び出すことができます．ハンドルには関数の絶対パスが含まれているので，関数 M- ファイルがその位置にあれば，MATLAB でアクセスできる任意の位置から関数を呼び出すことができます．つまり，1 つの M- ファイルで定義されている関数でありさえすれば，MATLAB パス上にない関数，別のファイル内のサブ関数，または，通常呼び出し側からはアクセスできないほかのフォルダにあるプライベート関数も呼び出すことができるわけです.

　それでは，cos 関数に対する関数ハンドルを作成し，実行してみましょう．

関数ハンドルの作成	実行結果
`>> fhandle = @cos;`	`ans =`
`>> feval(fhandle,pi/3)`	`    0.5000`

　関数ハンドルを使って関数を計算する場合，feval 関数を使用します．
feval 関数の構文は，

　　　feval(fhandle, arg1, arg2, … ,argn)

となり，feval 関数を実行することにより，fhandle に引数 arg1 から argn までを直接渡して実行と同じ結果となります．上の例の場合，cos 関数に引数 $\frac{\pi}{3}$ を渡して実行した結果である 0.5 を返しています．

　それでは，plot_fhandle.m を作成し実行してみましょう．plot_fhandle.m は，関数ハンドルとデータを受け取ります．そのデータに対して引数で渡された関数の計算を行い，計算結果のプロットを作成するものです．

List3-3　plot_fhandle.m	
1:	`function x = plot_fhandle(fhandle,data)`
2:	`plot(data,feval(fhandle,data))`

plot_fhandle 関数の計算	計算結果
`>> plot_fhandle(@cos, -2*pi:0.01:2*pi)`	

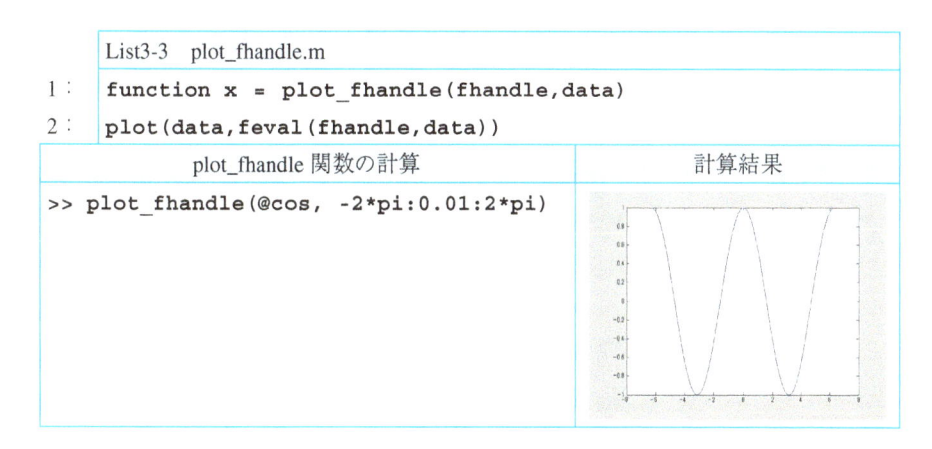

この例では，関数ハンドル（cos 関数）と `-2*pi:0.01:2*pi` を引数として，plot_fhandle.m を呼び出すことにより，実行結果に示すプロットを作成しました．

3.4　MATLAB の制御構文

MATLAB 言語は，インタープリタ型であるため，制御構文が記述されていないスクリプトの場合，最初の行から順番に実行されます．

実際問題として，単に上から下へ順番に実行する流れだけでは，複雑で多様なデータやさまざまな状況に対応しなければない処理を行うプログラムを作成することはできないでしょう．

現在は，すべてのロジックを「順次」「選択」「繰り返し」のフローを使って処理する構造化プログラミングが主流となっています．

というのも，アルゴリズムをこの 3 つのプログラム構造のうちのどれかにあてはめることによりプログラムすることができ，作業が容易になるからです．

ちなみに構造化プログラミングのベースにあるのは，この 3 つのプログラム構造だけでアルゴリズムが記述できるという構造化定理の考え方です．

MATLAB 言語においても，構造化プログラミングを行うことが可能で，一般的なプログラミング言語と同様，表 3.1 に示す制御構文を用いて，スクリプトや関数を記述していきます．

代表的な制御構文を表 3.1 に示します．

表 3.1 MATLAB の代表的な制御構文

ステートメント	説明
`if,elseif,else`	条件分岐による処理選択
`switch`	多分岐による複合処理選択
`for`	指定回数繰り返し
`while`	不定回数繰り返し
`return`	プログラムの（途中）終了

表 3.1 に示した制御構文を終了したい場合は，`end` ステートメントを記述します．また，ループステートメントの実行を中止したい場合は，`break` ステートメントを記述します．

if,elseif,else ステートメント

`if` ステートメントは，ほかのプログラミング言語同様，評価式（expression）が True（真）であれば True statements を実行し，False（偽）であれば False statements を実行するというものです．`if` ステートメントの書式とフローチャートを表 3.2 に示します．

表 3.2 `if` ステートメントの書式とフローチャート

書式	フローチャート

`if expression`
   `True statements`
`else`
   `False statements`
`end`
	（expression が True なら True statements，False なら False statements を実行するフローチャート）

それでは，`if` ステートメントを用いて，入力した得点から合否を判定する簡単なスクリプト（judge.m）を作成し，実行してみましょう．

3.4 MATLAB の制御構文

List3-4　judge.m

```
 1: % judge.m
 2: % 入力した得点から合否を判定
 3: % 60 点以上であれば合格，60 点未満は不合格
 4: % 100 点を超えた場合は，メッセージを表示
 5: tokuten = input('得点を入力してください > ');
 6: if tokuten >= 60
 7:     if tokuten > 100
 8:         disp('入力ミスです')
 9:     else
10:         disp('合格')
11:     end
12: else
13:     disp('不合格')
14: end
```

合否の判定	実行結果
>> judge	得点を入力してください > 80 合格
>> judge	得点を入力してください > 55 不合格
>> judge	得点を入力してください > 120 入力ミスです

　基本的には，得点が 60 点以上で合格，60 点未満で不合格と判定し，表示させていますが，得点が 100 点以上の場合も，入力ミスとしてメッセージを表示させるようにしています。

　ところで，日常では 3 つ以上の条件で判断を行う場面も少なくないでしょう。このような場合は，`if` ステートメントに `elseif` ステートメントを組み合わせて記述します。

　`if` 〜 `elseif` ステートメントの書式とフローチャートを表 3.3 に示します。

表3.3 if ～ elseif ステートメントの書式とフローチャート

書式	フローチャート
| ```
if expression1
   True statements1
elseif expression2
   True statements2
else
   False statements
end
``` | (フローチャート図：expression1 が True なら True statements1 を実行、False なら expression2 を評価し、True なら True statements2、False なら False statements を実行) |

switch ステートメント

MATLAB には，switch ステートメントが用意されており，3通り以上の複雑な場合分けを記述するといった場合に有用です．

switch ステートメントは，case ステートメントで条件づけされた複数の選択肢から1セットのステートメントを実行します．case が True の場合，その中に記述されたスクリプトを実行し，switch ステートメントを終了します．

基本的には，C 言語の switch 文と同じように記述することができますが，例外処理において，C 言語の場合は default を記述するのに対して，otherwise を記述すること，case ステートメントの後に記述する値が複数でも可能であること，break ステートメントを記述しなくてもよいことなどが異なります．

switch ステートメントの書式とフローチャートを表3.4に示します．
```

3.4 MATLAB の制御構文

表3.4 switch ステートメントの書式とフローチャート

書式	フローチャート
``switch expression
case case_expr1
statements1
case case_expr2
statements2
:
otherwise
statements n
end```	expression → case case_expr1 → Yes: statements1 / No → case case_expr2 → Yes: statements2 / No → other wise → statements n

それでは，switch ステートメントを用いて，入力された信号の色によって，表示されるメッセージを変えるスクリプト（signal.m）を作成し，実行してみましょう．

List3-5　signal.m

```
1: % signal.m
2: % 入力した信号の色によって，表示させるメッセージを変える
3: % 入力する際，信号の文字を「'」(シングルクォテーション) で
4: % くくること
5: signal_color = input('Enter a color: ');
6: switch signal_color
7:     case 'red'
8:         disp('Stop!');
9:     case 'blue'
10:        disp('Go!');
11:    case 'yellow'
12:        disp('Be careful!');
13:    otherwise
14:        disp('?');
15: end
```

色の入力	実行結果
>> signal	Enter a color: 'green' Go!
>> signal	Enter a color: 'white' ?

この例では，**'blue'** と入力して，「**Go!**」と表示させました．また，**red**, **yellow** 以外の文字（今回は **'white'**）を入力したときのメッセージも表示させています．

変数 signal_color のデータを文字列として扱うため，**'blue'**, **'white'** というようにシングルクォテーションで文字をくくっています．

for ステートメント

for ステートメントは，1つあるいは複数のステートメントを指定回数繰り返して実行します．考え方はほかのプログラミング言語と同様ですが，MATLAB では，C言語のカウンタ変数に相当するインデックス変数がベクトルで定義され，ステートメント実行後，格納されている変数そのものをインクリメントする（1

つずつ増やす）のではなく，配列の参照場所をインクリメントすることになります．

`for`ステートメントの書式とフローチャートを表3.5に示します．

表3.5 `for`ステートメントの書式とフローチャート

書式	フローチャート

`for index = initval:endval`
　　`statements`
`end`
	（index = initval → index = endval? → No → statements → index = index+1 → ループ／Yes → Loop Exit）

たとえば，異なる5つの要素をもった2つのベクトルの各要素の値を表示させることを考えてみましょう．

わかりやすくするために，1つのベクトルは `x = 1:5`（すなわち，x=[1 2 3 4 5]）とし，もう1つのベクトルは y=[100 58 –6 445 –2] として，それぞれの各要素を表示させます．

	List3-6　for_test1.m	実行結果
1:	`for x = 1:5`	1
2:	`disp(x)`	2
3:	`end`	3
		4
		5

	List3-7　for_test2.m	実行結果
1:	`for y = [100 58 -6 445 -2]`	100
2:	`disp(y)`	58
3:	`end`	-6
		445
		-2

for_test1.m の場合は，xは1から5までインクリメントした要素で構成されているので，1から5まで順番に表示されており，C言語における実行結果と変わりません．

一方，for_test2.m の場合は，配列が 100, 58, -6, 445, -2 の各要素で構成されており，配列の順番で表示されていることがわかります．

このことから，MATLAB で **for** ステートメントを実行すると，配列の要素数だけステートメントが繰り返し実行され，配列の参照場所がインクリメントされていることが確認できます．

それでは，**for** ステートメントを用いて，九九の表を表示させるスクリプト（table99.m）を作成し，実行してみましょう．

List3-8　table99.m	九九の表を表示
1: `% table99.m` 2: `% 九九の表を表示` 3: `for m=1:9` 4: 　　`for n=1:9` 5: 　　　　`x(m,n) = m*n;` 6: 　　`end` 7: `end` 8: `disp(x)`	`>> table99`
実行結果	

1	2	3	4	5	6	7	8	9
2	4	6	8	10	12	14	16	18
3	6	9	12	15	18	21	24	27
4	8	12	16	20	24	28	32	36
5	10	15	20	25	30	35	40	45
6	12	18	24	30	36	42	48	54
7	14	21	28	35	42	49	56	63
8	16	24	32	40	48	56	64	72
9	18	27	36	45	54	63	72	81

この例では，ほかのプログラム言語でも見られるように，**for** ステートメントをネスト構造（入れ子構造）にして，各要素における掛け算の結果を9行9列の行列（九九の表）で表示させています．

このように，行列や表を表示させたい場合には，制御構文をネスト構造にするとよいでしょう．

while ステートメント

while ステートメントの書式とフローチャートを表 3.6 に示します．

表 3.6　while ステートメントの書式とフローチャート

書式	フローチャート

`while expression`
   `statements`
`end`
	expression が True → statements → ループ，False → Loop Exit

while ステートメントは，あらかじめ設定した条件式が True である間は，ステートメントの処理を繰り返し実行します．

先述した **for** ステートメントは，配列の要素数だけ処理を繰り返し実行しましたが，**while** ステートメントの場合，条件式が満たされている間は何度でも繰り返し実行される点が異なります．

for ステートメント，または，**while** ステートメント実行中に，プログラムで強制的にループを終了させたい場合は，**break** ステートメントを使用します．

なお，ネスト構造で多重ループを構成している場合，**break** ステートメントは，最も内側のループのみに作用し，外側のループには作用しないため，注意が必要です．また，expression（条件式）の値を 0 以外，たとえば，1 とした場合，無限ループとなり，プログラムが終了しなくなるため，ループから抜けるための条件（if ステートメント）と，その条件を満たした場合に実行する **break** ステートメントを記述する必要があります．

無限ループは，組み込みプログラムなどでよく利用されていますが，プログラ

ム暴走の原因になる場合もあるので，注意が必要です．

誤って無限ループを実行してしまった場合は，Ctrl + C キーを押すことにより，ループの実行を強制的に停止させます．

それでは，**while** ステートメント，**break** ステートメントを用いて，1 から 10 までの和を求めるスクリプト（while_break.m）を作成し，実行してみましょう．

List3-9　while_break.m
1： `% while_break.m`
2： `% 1 から 10 までの和を求める`
3： `% 無限ループを実行し，10 までの和を求めてループを抜ける`
4： `n = 0;　　　　　% 和の初期値`
5： `k = 1;　　　　　% カウント変数初期値`
6： `while 1　　　　% 無限ループ`
7： `　　n = n + k;`
8： `　　if k >= 10  % k が 10 になったら，無限ループを抜ける`
9： `　　　　break;`
10： `　　end`
11： `　　k = k + 1;　% カウントをインクリメント`
12： `end`
13： `disp(n)　　　　% 1 から 10 までの和を表示`

1 から 10 までの和を計算	実行結果
`>> while_break`	55

このスクリプトでは，和とカウント変数の初期値を設定した後，無限ループを実行しますが，カウント変数の値が 10 になった場合，無限ループを抜け，1 から 10 までの和を表示させています．

try catch ステートメント

プログラミング言語で実装されているエラーチェック用の **try catch** ステートメントと同じなので見慣れているかもしれません．書式としては，

```
try
    statement1, ..., statementn,
catch me
```

```
        statement_e1, ..., statement_en
    end
```
になっています．`statement1, ..., statementn` の実行中にエラーが発生した場合，`statement_e1, ..., statement_en` が実行されます．ただし，`statement_e1, ..., statement_en` の実行中にエラーが発生したときには，`try catch` がなければ強制終了します．

catch ブロックの me は MException クラスのオブジェクトになっています．このメソッドを調べることにより，どのようなエラーがどこで発生したかを調べることができます．また，ユーザ定義のエラーも設定，参照することができます．

try catch ステートメントの例として 1 変数の方程式の解を古典的なニュートン - ラフソン（Newton- Raphson）法によって計算するスクリプトを作成します．このアルゴリズムは独立変数を x とする被関数 f について，導関数を f' とした場合の，$f(x)=0$ の解を近似で求めます．1 つの解の候補に対して次の解の候補は式 (3.1)

$$x_{n+1} = x_n - \frac{f}{f'} \tag{3.1}$$

で計算することができます．図 3.4 に近似を求める様子を示します．

最初に仮定した解が真の解に近い場合，収束が速く少ないステップで解を計算することができます．ただし，被関数の導関数が必要になります．また，仮の解と真の解の間に極値（導関数が 0 の点）が存在すると，式 (3.1) より解が発散してしまいます．したがって，導関数の値をチェックし，もし導関数が 0 ならばエラーを出力させます．

例として $y=xe^{-x}-0.15$ を使ってニュートン - ラフソン法で解を計算した関数 M-ファイルを List3-10 に示します．ここで，被関数は $x=1$ で極値になります．このときに catch ブロックでエラー表示をさせます．ただしこの newton.m は dh のとり方により，誤差が発生する場合もあります．

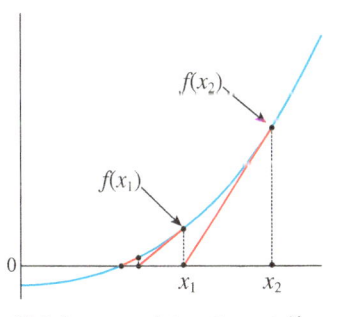

図 3.4 ニュートン - ラフソン法

List3-10　newton.m

```
 1: function x0 = newton(f,dh,xinit,n)
 2: %x0 = newton(func,Δh,xinit,n)
 3: %   1次元関数funcの解をNewton-Raphson法を用いて計算する.
 4: % 書式
 5: %   入力    func：解を求める関数ハンドル
 6: %           Δh：導関数を計算するための微小区間
 7: %           xinit：仮定した解（解の初期値）
 8: %           n：検索回数
 9: %   出力    x0：解. ただし，検索できない場合はNaNを格納
10: x0 = xinit;
11: for l = 1: n
12:    try
13:        y = f(x0+dh);        df = (y-f(x0))./dh;
14:        if isinf(abs(y))     % ユーザ定義のエラー
15:            error('MATLAB:myScript:findNotRoot',...
16:                'Find Not Root\nDifference %s is Zero.',func2str(f));
17:        end
18:        x0 = x0 - y./df;     %Newton-Raphson法の計算
19:        if abs(y) <= eps     % 計算精度のチェック
20:            break;           %  解が見つかった
21:        end
22:    catch me                 % エラー処理
23:        msg = sprintf('Search Count : %d\n%s',l,me.message); disp(msg);
24:        x0 = NaN;
25:        return;
26:    end
27: end
28: if l >= n    % 検索範囲のチェック
29:     x0 = NaN;     error('Root over Seach');
30: end
```

3.4 MATLAB の制御構文　67

List3-11　exsample.m
1: `function y = exsample(x)`
2: `%Newton-Raphson 法で解を計算するサンプル関数 y = x.*exp(-x)-0.15`
3: `%  この関数は x=1 で発散する (導関数が 0)`
4: `    y = x.*exp(-x)-0.15;`

コマンド	計算結果
`>> x0 = newton(@exsample,0.1,2,50)`	`x0 =` `    2.8936`

`>> x0 = newton(@exsample,0.1,1,50)`	`Search Count : 3`
	`Find Not Root`
	`Difference exsample is Zero.`
	`x0 =`
	`    NaN`

　List3-10 の 13 行目で関数値と導関数値を計算しています．14 行目で導関数値 dy が 0 ならば，次の y の値が ∞ (inf 値) になります．そこで，y が無限大になっているかを `isinf()` 関数を使って判定しています．この `isinf()` 関数は引数の値が無限大 (inf, -inf) ならば真 (1) を，それ以外ならば偽 (0) を返します．この `is` 系関数は，引数の型を判定できるもので，非常に重宝します．ユーザは M-ファイル作成側が想定した引数を必ず使用してくれるとは限りません．関数 M-ファイルではよく用いられるチェック用関数です．表 3.7 にその他の `is` 系関数を示します．

表 3.7　is 系関数

関数名	概要
`isa(object,'type')`	`'type'` で指定した型が引数 object と合致しているかを判定
`isnumeric(object)`	引数 object が数値であるかを判定
`ischar(object)`	引数 object が文字 (文字列) であるかを判定

　次の 15, 16 行目の `error()` 関数でエラーメッセージアイディ (ここでは，`'MATLAB:myScript:findNotRoot'`) とエラーメッセージ (`'Find Not Root¥n Difference %s is Zero.',func2str(f)`) を登録しています．エラーメッセージは `sprintf()` 関数と同じように書式付き文字列を使って任意の値を文字列に埋め込むことができます．ここでは，指定された関数ハンドル名を

文字列に変換する `func2str()` 関数を使用しています．

実務で方程式の解を計算する場合には，`fzero()` 関数が用意されています．この関数は極値の対策として2分法を用いています．実務で用いる場合は，`fzero` 関数を用いたほうがよいでしょう．

3.5　関数 M- ファイルのインターフェース

引数の数を固定しない関数は非常に柔軟な関数です．実際 MATLAB の関数 M- ファイルにも可変入出力引数を組み込む機能が備わっています．この可変引数を自分の関数 M- ファイルに組み込むには，表 3.8 に示す各変数を使用します．

表 3.8　可変引数関連変数

入力関係	
`nargin`	関数 M- ファイルの入力実引数の数を保持．型は integer 型
`varargin`	関数 M- ファイルの入力実引数本体．型はセル配列
出力関係	
`nargout`	関数 M- ファイルの出力実引数の数を保持．型は integer 型
`varargout`	関数 M- ファイルの出力実引数本体．型はセル配列

簡単な例として，入力実引数を出力実引数にそのまま代入する関数 M- ファイルを List 3-12 に示します．このとき，入力実引数の数（`nargin`）と出力実引数の数（`nargout`）を比較し，一致すれば `varargin` を `varargout` に代入します．

List3-12　MyRes.m	実行結果
| ```
1: function [varargout] = MyRes(varargin)
2: %    nargout の練習用関数 M- ファイル
3: %    機能としては引数の値を戻り値に代入する
4: if(nargin ~= nargout)
5:     error('引数と戻り値の数が一致していません');
6: else   varargout = varargin;
7: end
``` | ```
>>[a b c] = MyRes(...
'Blue',3,2)

a = Blue
b =    3
c =    2
``` |

第4章
数値微積分

　理工学の分野では微分積分の知識は必須です．これらの知識は数学の分野にとどまらず，いろいろな物理現象を解析するのにも活用されています．しかし，現在のコンピュータでは極限値を計算することはできません．そこで，微分は差分として，積分はグラフ上での面積計算として考えます．

4.1 微分

　微分積分はニュートン（Newton）やライプニッツ（Leibnits）がほぼ同時期に体系化しました．その後，微分積分は物理現象を解析するのに最も活用されています．しかも，数値解析の分野でもこの考え方を活用したさまざまなアルゴリズムが考案されています．

　微分（極限値）は滑らかに変化する関数 $f(x)$ のある点 x における傾きとして式 (4.1) のように計算されます．

$$f'(x) = \lim_{h \to 0} \frac{f(x+h) - f(x)}{h} \tag{4.1}$$

　しかし，式 (4.1) のように極限で定義される微分は現在のコンピュータでは計算することができません．そこで，オイラー（Euler）法など微分を差分として計算する方法が考案されています．この差分は微分を施す定義域に対し，刻み幅が十分に小さい場合に適用できますが，丸め誤差などを考慮する必要があります．

差分方程式

　任意の関数 $f(x)$ が定義域内で十分に滑らかに変化しており，n 回微分可能だとすればテイラー（Taylor）展開をすることができます．今注目している点 x_0 に対し，$x = x_0 + h$ となる h を考えます．この関数 $f(x)$ に対し $n=2$ の場合のテイラー展開を施し整理すると

$$f(x) = f(x_0 + h) = f(x_0) + f'(x_0)(x - x_0) + \frac{f''(\xi)}{2}(x - x_0)^2$$
$$(\xi = x_0 + \theta h \quad 0 < \theta < 1)$$
$$= f(x_0) + f'(x_0)h + \frac{f''(\xi)}{2}h^2$$
$$\therefore f'(x_0) = \frac{f(x_0 + h) - f(x_0)}{h} - \frac{f''(\xi)}{2}h$$
$$\approx \frac{f(x_0 + h) - f(x_0)}{h} \tag{4.2}$$

となります.式 (4.2) は $h > 0$ ならば前方(前進)差分(forward difference),$h < 0$ ならば後方(後退)差分(backward difference)と呼ばれています.また,前方差分と後方差分の平均とに中央(中心)差分(central difference)が定義できます.演算子(operator)としては前方差分に Δ,後方差分に ∇(ナブラ,微分作用素と同じ記号を使用するが意味が異なるので注意),中央差分に δ が用いられます.テイラー展開において,$n=1$ とするとオイラー法になります.オイラー法は直観的で計算負荷も少ないのですが,誤差は大きくなります.

MATLAB の組み込み関数としては前方差分を計算する `diff()` が実装されています.ただし,組み込み関数としての `diff()` は単純に差を計算するのみで,1 回差分を計算すると戻り値の要素数は 1 つ減ったものとなります.

例として $y = 1 - e^{-t}(t+1)$ の差分を計算してみます.ここで,この関数の定義域を $0 \leq t \leq 8$,刻み $h = \frac{1}{100}$ とします.この関数の導関数は $y' = e^{-t}(t+1) - e^{-t}$ になります.

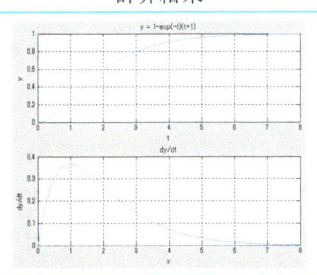

$y=1-e^{-t}(t+1)$ の差分計算コマンド
| ```
>> h = 1/100; t = 0:h:8;    y =1-exp(-t).*(t+1);
>> figure; subplot(2,1,1);
>> plot(t,y);   grid;       title('y = 1-exp(-t)(t+1)')
>> xlabel('t'); ylabel('y')
>> dy=diff(y)./h;
>> t(length(dy))=[];
>> subplot(2,1,2); plot(t,dy); grid;
>> title('dy/dt'); xlabel('x');ylabel('dy/dt')
``` |
| 計算結果 |

　ここで，コマンド内の`t(length(dy))=[];`はyを差分した結果で，yの（ベクトルとしての）要素数が1つ減ります．そのため，グラフに表示するために`t`の要素数も1減らす必要があります．

　先ほどの差分の検証のために，Symbolic Math Toolbox で同じ関数を微分してみます．Symbolic Math Toolbox は数式処理として式の展開，微分・積分，微分方程式の解などを処理するツールボックスです．この Symbolic Math Toolbox は数式処理ソフトウェアの MuPAD を計算エンジンとして使用しています．Symbolic Math Toolbox で計算されたものはスカラシンボリックオブジェクトと呼ばれる特殊な変数になります．

　Symbolic Math Toolbox で微分を計算する関数としては MATLAB の組み込み関数と同じ`diff()`関数を用います．ただし，この`diff()`関数は MATLAB の組み込み関数のように差分を計算するのではなく，数式処理で微分を計算しています．Symbolic Math Toolbox を使用するために，変数tをシンボリックオブジェクトで宣言します．式は通常の記述ですみます．シンボリックオブジェクトのグラフは`ezplot()`コマンドで表示することができます．`ezplot()`コマンドの詳細
```

はオンラインヘルプを参照してください．

Symbolic Math Toolbox 導関数 `diff()`	計算結果

`>> clear all`
`>> syms t`
`>> y=1-exp(-t)*(t+1)`
 	
`>> dy = diff(y)`
 	
`>> % 被微分関数の表示`
`>> figure;subplot(2,1,1)`
`>> ezplot(y,[0 8]);grid`
`>> ylabel('y')`
`>> % 微分（導関数）の表示`
`>> subplot(2,1,2)`
`>> ezplot(dy,[0 8]);grid`
`>> ylabel('dy/dt')`
	`y =`
	`1 - exp(-t)*(t + 1)`
	`dy =`
	`exp(-t)*(t + 1) - exp(-t)`

その他にも，Symbolic Math Toolbox には極限値を求める `limit()` 関数が用意されています．たとえば，$\lim_{x \to 0} \dfrac{x - \log(1+x)}{x^2}$ は

極限値計算	計算結果
`>> syms x` `>> limit((x-log(1+x))/x^2)`	`1/2`

で計算することができます．その他任意の極限値の計算はオンラインヘルプを参照してください．

差分法の活用

オイラー法を使うと，未来の点（u_{n+1}）を計算して求めるのに現在の点（u_n）のみがわかればいいことになります．このような方法を陽的解法と呼んでいます．逆に未来の点を求めるのに同じ未来の点が必要になる場合を陰的解法と呼んでいます．

微分を直接活用する例ではありませんが，微分の考え方を用いた実例を紹介します．画像処理でパターン認識を行う前処理として対象物のエッジを検出することはよくあります．このエッジの検出に微分の考えを用いたラプラシアン（Laplacean）オペレータ（ほかにプレビット（Prewitt）オペレータ，ソーベル（Sobel）オペレータなどが古典的に有名です）を施すことはよくあります．

もともと微分は関数の変化率を計算するのに用いられています．対象を 2 次元的に広がる画像の濃度の変化としてとらえ，その変化（差分値）が大きい所を抽出すればエッジを検出することができます．ある画像の注目点 (i,j) の前後の点（水平方向）を考えます．今回は注目点の前後での差分なので図 4.1 に示すような中央差分を計算します．

$$\cdots f_{i-1,j} = f_{i,j} = f_{i+1,j} \cdots$$

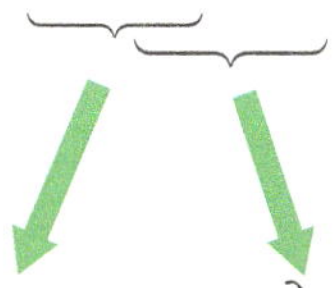

$$\left.\frac{\partial}{\partial i} f_{i,j}\right|_{backward} = f_{i,j} - f_{i-1,j} \qquad \left.\frac{\partial}{\partial i} f_{i,j}\right|_{forward} = f_{i+1,j} - f_{i,j}$$

$$\Delta f_{i,j} = \frac{\partial^2}{\partial i^2} f_{i,j} = f_{i-1,j} - 2f_{i,j} + f_{i+1,j}$$

図 4.1　中央差分

図 4.1 で注目している点の水平 (j)・垂直 (i) 方向（4 近傍）を考えた場合，ラプラシアンの係数に注目して

水平方向	$\Delta_h f_{i,j} = f_{i-1,j} - 2f_{i,j} + f_{i+1,j}$	$\begin{pmatrix} 0 & 0 & 0 \\ 1 & -2 & 1 \\ 0 & 0 & 0 \end{pmatrix}$	$\begin{pmatrix} 0 & 1 & 0 \\ 1 & -4 & 1 \\ 0 & 1 & 0 \end{pmatrix}$
垂直方向	$\Delta_v f_{i,j} = f_{i,j-1} - 2f_{i,j} + f_{i,j+1}$	$\begin{pmatrix} 0 & 1 & 0 \\ 0 & -2 & 0 \\ 0 & 1 & 0 \end{pmatrix}$	

になります．水平，垂直方向で計算した差分係数をそれぞれ加算すれば，4近傍ラプラシアンオペレータを得ることができます．斜め方向も考慮した8近傍ラプラシアンオペレータも考え方は同じで，$\begin{pmatrix} 1 & 1 & 1 \\ 1 & -8 & 1 \\ 1 & 1 & 1 \end{pmatrix}$ になります．各種オペレータを算出する `fspecial()` 関数を使用します．

　実際の画像に対し，8近傍ラプラシアンオペレータを使って，エッジを求めてみます．2012年5月21日の金環日食の画像ファイルが「BG3F9322.jpg」として保存されているとします．画像のサイズは3600×2400なので，金環日食の部分のみ（1000×800，サイズを$\frac{1}{2}$に間引いています）を取り出しています．また，使用している関数のうち，`imread()` および `filter2()` は MATLAB の組み込み関数です．`fspecial()` および `imshow()` は Image Processing Toolbox に実装されています．幸いなことに MATLAB Student Version には Image Processing Toolbox がアドオンされています．これらの関数の詳細はオンラインヘルプを参照してください．

```
List 4-1   GrayImage.m
1:  function GrayImg = GrayImage(img)
2:  %GrayImage カラーイメージをグレースケールに変換
3:  %   GrayImg = GrayImage(img)
4:  %入力
5:  %   img : カラーイメージ
6:  %出力
7:  %   GrayImg : グレースケールに変換されたイメージ
8:  %ただし，サイズのチェックはしない．
9:      GrayImg = uint8(0.114*img(:,:,1) ...        %Red Frame
10:                    +0.587*img(:,:,2) ...        %Green Frame
11:                    +0.2989*img(:,:,3) ...       %Blue Frame
12:                   );
```

エッジ計算コマンド

```
>> Gmax = 255;
>> sun = imread('BG3F9322');
```

```
>> GrySun = GrayImage(sun);      % グレースケール変換
>> % Big Image なので，画素を間引く
>> GrySun = GrySun(700:2:1600,1300:2:2300);
>> % 8近傍ラプラシアンオペレータの計算
>> del8 = fspecial('laplacian',0.5);
>> % エッジ抽出
>> del8Sun = filter2(del8,GrySun);
>> % 非線形濃度変換
>> z = Gmax*(sin(del8Sun.*pi./(2*Gmax)).^2);
>> fig = figure;subplot(2,1,1)
>> imshow(GrySun);              title('Orignal Image')
>> subplot(2,1,2);imshow(z);    title('Edge Image')
```

実行結果

(撮影：吉田順一氏)

今回は，差分の実用例を示しているので，イメージから直接エッジ抽出をしましたが，本来はノイズフリーな画像に対してエッジ抽出を行います．基本的に画像における差分はノイズ（高周波成分）を強調する作用があります．

4.2 数値積分

理工系で数値解析活用する場合，微分よりも積分を計算する場合が多いと思います．数値計算では積分を求積法（quadrature）とも呼んでいます．

MATLAB には，データを積分するための積分ソルバと関数を積分するためのソルバが実装されています．計測データの数値解析では前者のソルバが多用されることでしょう．

数値積分の基礎

　数学上での厳密な定義とは異なりますが，積分値を求めることはイメージ的には図 4.2 のように与えられた曲線と指定された区間内の各小区間の面積の総和を求める（求積）問題に換言されます．このとき，曲線の当てはめをどのように考えるかによって，誤差や計算コストが変わってきます．
通常，数値積分において被積分関数は

- ベクトル・行列で表現された関数
- 数式で表現された関数

で与えられます．被積分関数を数表の形で与えられた場合には，ニュートン - コーツ（Newton-Cotes）の公式でまとめられた求積法を用います．

　データ間を曲線の当てはめを 1 次（直線）で補間する方法は台形則と呼ばれています．2 次関数で補間するシンプソン（Simpson）則，3 次以上の関数で補間する方法としてロンバーグ（Romberg）積分（求積法）が知られています．

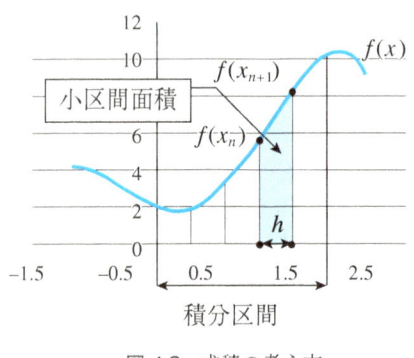

図 4.2　求積の考え方

　これに対し，被積分関数を数式の形で与えられた場合には，チェビシェフ（Chebyshev）公式やガウス（Gauss）型求積法があります．チェビシェフ公式は，区間を不等間隔に分け重みを一定にするものです．ガウス型求積法は，不等間隔に分けたうえで重みを変化させるものです．ガウス型求積法は最も高精度に数値計算を行うことができ，さまざま発展型があります．

　また，文字列やシンボリックオブジェクトで表現された関数を積分するものとして Symbolic Math Toolbox があります．別の商品としては MAPLE や Mathmatica などの数式処理ソフトウェアがあります．MATLAB の数値計算としては台形則，シンプソン則の発展型の適応シンプソン則やガウス型求積法のガウス - ロバット（Gauss-Lobatto）法が実装されています．

台形則による数値積分

図 4.2 において,2 点間 $f(x_n)$,$f(x_{n+1})$ を直線で近似すると,$(x_n, f(x_n))$,$(x_n, 0)$,$(x_{n+1}, 0)$,$(x_{n+1}, f(x_{n+1}))$ に囲まれた図形は台形になっています.ここで積分区間 $[a\ b]$ を等間隔で n 個に分割するとします.そうすると,間隔 h は $h = \dfrac{(b-a)}{n}$ となります.任意の位置の区間の台形の面積 S_i は $S_i = \dfrac{h(f_i + f_{i+1})}{2}$ となります.ただし $f_i = f(x_i)$ です.積分区間を $[a\ b]$ とした数値積分は

$$\int_a^b f(x)\,dx \approx \sum_{k=0}^{n-1} S_k$$

$$= \frac{1}{2}h \sum_{k=0}^{n-1}(f_k + f_{k+1}) = \frac{1}{2}h\{(f_0 + f_1) + (f_1 + f_2) + \cdots + (f_{n-1} + f_n)\}$$

$$\therefore \int_a^b f(x)\,dx \approx h\frac{1}{2}\left(f_0 + f_n + 2\sum_{i=1}^{n-1} f_i\right) \tag{4.3}$$

台形則による積分ソルバ **`trapz()`** 関数は,下記使用例に示すように引数の与え方により大きく 2 種類の使い方があります.下記に $\int_0^{10}(1 - e^{-1.5x})\,dx \approx 9.33$ を例に **`trapz()`** 関数の使用例を示します.

使用例	積分計算	計算結果

使用例 1
$\int_0^{10}(1 - e^{-1.5x})\,dx \approx 9.33$ を $0 \leq x \leq 10$,等間隔 $h = 1/100$,積分区間 [0 10] で数値積分を行う.
	`>> x = 0:1/100:10;`
	`>> y = 1 - exp(-1.5*x);`
	`>> trapz(y) * (1/100)`
		`ans =`
		`    9.3333`

使用例 2
$\int_0^{10}(1 - e^{-1.5x})\,dx$ を $0 \leq x \leq 10$,間隔は $0 \leq x < 4$ までを $h = 1/100$,$4 \leq x \leq 10$ までを $h = 1/5$,積分区間 [0 10] で数値積分を行う.
	`>> x1 = 0:1/100:4-1/100;`
	`>> x2 = 4:1/5:10;`
	`>> x = [x1 x2];`
	`>> y = 1 - exp(-1.5*x);`
	`>> trapz(y)`
		`ans =`
		`    9.3333`

使用例1のように刻みが等間隔の場合は，`trapz()`関数の戻り値に刻み幅hをかけます．しかし，使用例2のように刻みが等間隔でない場合は，独立変数ベクトル（x）を被積分値ベクトル（y）とともに`trapz()`関数に渡します．この例のように関数値の変化が小さいところでは刻みを大きくしてもさほど計算結果には影響は出てきません．しかも計算コスト（実行速度）を抑えることができます．

ここで，台形則を用いた例として三角波のフーリエ（Fourier）係数を求めてみます．フーリエ係数はフーリエの定理から導き出された各周波数成分の振幅値です．理論的には三角波のフーリエ係数は

$$a_0 = \frac{1}{T}\int_0^T f(t)\,dt \tag{4.4}$$

$$a_n = \frac{2}{T}\int_0^T w(t)\cos(2\pi nft)\,dt = 0 \tag{4.5}$$

$$b_n = \frac{2}{T}\int_0^T w(t)\sin(2\pi nft)\,dt = \frac{8}{\pi}\frac{1}{n^2}\sin\left(\frac{n\pi}{2}\right) \tag{4.6}$$

で計算されます．ここでは$n=5$（第5高調波まで）とし，周期$T=\frac{1}{2}$，基本周波数$f=\frac{1}{T}$，$\Delta t=\frac{T}{100}$の波形データとして計算します．フーリエ係数を求める関数M-ファイルをList 4-2に示します（List4-3はフーリエ級数からもとの波形を，List 4-4は求めたフーリエ係数からもとの波形を再現しています）．

```
List 4-2   furies.m
1:  function [a0,an,bn] = furies(observ,n,T)
2:  %FoURIEr Series  観測波形 observ からフーリエ係数を計算する.
3:  %   観測波形 observ が double 型の配列（ベクトル）ならば，
4:  %   observ からフーリエ係数を計算する.
5:  %   また，observ が文字列配列ならばファイル名が指示されたとし，
6:  %   指定されたファイルからデータを読み込む.
7:  %       ファイルのフォーマットは波形データのみとする.
8:  %   書式  [a0,an,bn] = furies(observ,n,T)
9:  %   出力   a0：直流成分
10: %          an：フーリエ余弦成分（振幅）ベクトル
11: %          bn：フーリエ正弦成分（振幅）ベクトル
```

```
12:  %   入力    observ：観測波形
13:  %           n：求める級数の上限
14:  %           T：基準周期
15:
16:      %   observ の判定
17:      if isa(observ,'double')      % observ が double 型配列の場合
18:          f = observ;
19:      else
20:          if ischar(observ)        % observ がファイル名の場合
21:              fid = fopen(observ,'rt');
22:              f = fscanf(fid,'%f')';
23:              fclose(fid);
24:          else
25:              error(' 不明なオブジェクトが指定されました．');
26:              return
27:          end
28:      end
29:      [a0,an,bn] = CalcFurieSeries(f,n,T);
30:  end
31:
32:  function [a0,an,bn] = CalcFurieSeries(f,n,T)
33:  %   フーリエ係数の計算
34:  %       a0：直流成分
35:  %       an：フーリエ余弦成分（振幅）ベクトル
36:  %       bn：フーリエ正弦成分（振幅）ベクトル
37:      [sm,sn] = size(f);                % 観測データ数の計算
38:      t = linspace(0,T,sn);             % 計算で使用する時間データの計算
39:      dt = t(2) - t(1);                 % サンプリング間隔の計算
40:      an = ones(n,1); bn = ones(n,1);   % 振幅ベクトルのサイズ確保
41:      w = 2*pi/T;                       % 基本角周波数の計算
42:      a0 = dt.*trapz(f)./T;             % 直流成分の計算
43:      for m = 1:n                       % 各周波数成分におけるフーリエ係数の計算
44:          an(m) = (dt.*trapz(f.*cos(m*w*t))).*2./T;
```

```
45:            bn(m) = (dt.*trapz(f.*sin(m*w*t))).*2./T;
46:     end
47: end
```

List 4-2 において，フーリエ係数を計算しているのはサブ関数 **CalcFurieSeries** です．このサブ関数では，フーリエ級数を求めるのに素直に式 (4.4)〜(4.6) の積分を計算しています．

```
List 4-3   furiesg.m
 1: function furiesg(a0,an,bn,T,t,n)
 2: %FoURIEr Series Graph
 3: % フーリエ係数からの波形再現のグラフ化
 4: %    フーリエ係数を計算し，計算した係数をもとに波形を再現する．
 5: %    書式  [a0,an,bn] = furiesg(w,T,t,n)
 6: %    入力  a0：バイアス成分
 7: %          an：フーリエ余弦成分（振幅）ベクトル
 8: %          bn：フーリエ正弦成分（振幅）ベクトル
 9: %          T：周期
10: %          t：時間ベクトル
11: %          n：次元数（高調波）
12: %    出力  なし
13:     wave = ifuries(a0,[an bn],T,t);
14:     sp = sqrt(an.^2+bn.^2);    ft = [1/T:1/T:n/T];
15:     figure;
16:     subplot(2,1,1);plot(t,wave);grid;    xlabel('時間 (sec)');
17:     s = sprintf('第 %d 高調波までの復元 ',n);    title(s);
18:     subplot(2,1,2);semilogx(ft,sp);grid
19:     xlabel('周波数 (Hz)');
```

List4-3 では **furies()** で計算したフーリエ級数からもとの波形を再現します．実際にもとの波形のデータを計算しているのは，List4-4 の **ifuries()** です．

4.2 数値積分

List 4-4 ifuries.m

```
1:  function wave = ifuries(a0,fs,T,t)
2:  %Inverce FoURIEr Series
3:  % フーリエ係数から波形を再現する
4:  %    フーリエ係数 a0,an,bn をもとにして波形を計算する.
5:  %    書式   w = ifuries(a0,fs,T,t)
6:  %    入力   a0：バイアス成分
7:  %           fs：M 行 2 列のフーリエ係数行列
8:  %                [an bn]
9:  %           T：基準周期
10: %           t：時間ベクトル
11: %    出力   w：再現された波形
12:     [m n] = size(fs);
13:     ft = [1/T:1/T:m/T];    w = 2*pi*t;
14:     for l = 1:m
15:         wc(l,:) = fs(l,1) * cos( w*ft(l) );
16:         ws(l,:) = fs(l,2) * sin( w*ft(l) );
17:     end
18:     wave = sum(wc,1) + sum(ws,1) + a0;
```

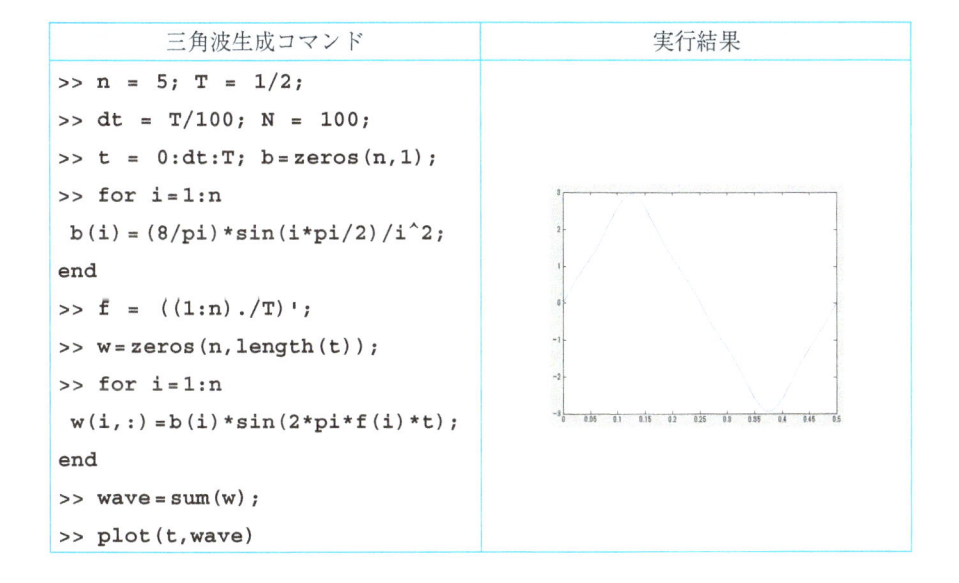

三角波生成コマンド	実行結果

`>> n = 5; T = 1/2;`
`>> dt = T/100; N = 100;`
`>> t = 0:dt:T; b=zeros(n,1);`
`>> for i=1:n`
` b(i)=(8/pi)*sin(i*pi/2)/i^2;`
`end`
`>> f = ((1:n)./T)';`
`>> w=zeros(n,length(t));`
`>> for i=1:n`
` w(i,:)=b(i)*sin(2*pi*f(i)*t);`
`end`
`>> wave=sum(w);`
`>> plot(t,wave)`	

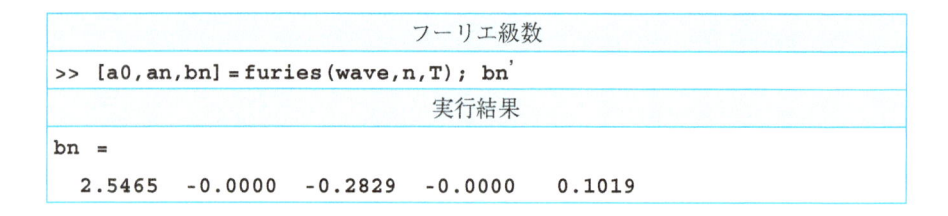

フーリエ級数
`>> [a0,an,bn]=furies(wave,n,T); bn'`
実行結果
`bn =` `   2.5465   -0.0000   -0.2829   -0.0000    0.1019`

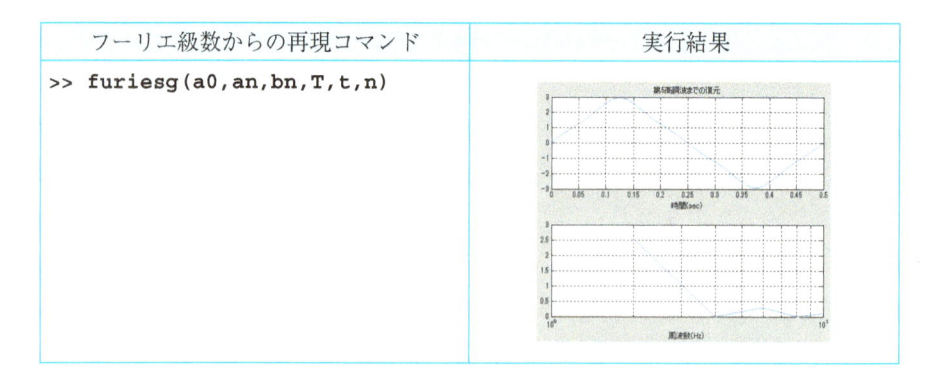

フーリエ級数からの再現コマンド	実行結果
`>> furiesg(a0,an,bn,T,t,n)`	

　この例では，高調波の次数がわかっていますので誤差はあまりありません．したがって，算出した振幅値を使って波形データを再現することはできます．しかし，方形波など滑らかでない波形ではギブス現象（Gibbs phenomenon）が現れるので注意が必要です．

シンプソン則による数値積分

　シンプソン則は曲線の当てはめを2次関数の曲線で行います．2次関数の曲線を使う場合，最低でも3点の座標が必要になります．ここで，x座標値のx_1を起点として3点 $(x_1, f_1), (x_1+h, f_2), (x_1+2h, f_3)$ が与えられているとします．この中でhはデータ間隔で一定とします．また，$f_1 \sim f_3$ はそれぞれの測定されたデータとします．シンプソン則では曲線の当てはめを2次関数で行いますので，ここでは2次関数の曲線を

$$y(x) = c_1(x-x_1)^2 + c_2(x-x_1) + c_3 \tag{4.7}$$

とします．このとき，式(4.7)のxに各x座標値を当てはめると

$$\begin{cases} f_1 = c_3 \\ f_2 = c_1 h^2 + c_2 h + c_3 \\ f_3 = 4h^2 + 2c_2 h + c_3 \end{cases} \tag{4.8}$$

になります．この式 (4.8) を行列表記すると

$$\begin{pmatrix} 0 & 0 & 1 \\ 1 & 1 & 1 \\ 4 & 2 & 1 \end{pmatrix} \begin{pmatrix} c_1 h^2 \\ c_2 h \\ c_3 \end{pmatrix} = \begin{pmatrix} f_1 \\ f_2 \\ f_3 \end{pmatrix} \tag{4.8}'$$

となります．式 (4.8)' において，$(c_1 h^2\ c_2 h\ c_3)'$ は

$$\begin{pmatrix} c_1 h^2 \\ c_2 h \\ c_3 \end{pmatrix} = \begin{pmatrix} 0 & 0 & 1 \\ 1 & 1 & 1 \\ 4 & 2 & 1 \end{pmatrix}^{-1} \begin{pmatrix} f_1 \\ f_2 \\ f_3 \end{pmatrix}$$

$$= \frac{1}{2} \begin{pmatrix} 1 & -2 & 1 \\ -3 & 4 & -1 \\ 2 & 0 & 0 \end{pmatrix} \begin{pmatrix} f_1 \\ f_2 \\ f_3 \end{pmatrix} \tag{4.9}$$

で表されます．次に，式 (4.7) で表されている曲線を積分区間 $[x_1\ x_1+2h]$ で積分すると

$$Y = \int_{x_1}^{x_1+2k} y(x)\,dx$$
$$= \frac{8}{3} c_1 h^3 + 2 c_2 h^2 + 2 c_3 h$$
$$= \frac{2}{3} h (4 c_1 h^2 + 3 c_2 h + 3 c_3) \tag{4.10}$$

になります．ここで，式 (4.10) を行列表示すると

$$Y = \frac{2}{3} h \begin{pmatrix} 4 & 3 & 3 \end{pmatrix} \begin{pmatrix} c_1 h^2 \\ c_2 h \\ c_3 \end{pmatrix} \tag{4.10}'$$

となり，この式 (4.10)' に式 (4.9) を代入すると

$$Y = \frac{2}{3}\frac{1}{2}h\begin{pmatrix} 4 & 3 & 3 \end{pmatrix}\begin{pmatrix} 1 & -2 & 1 \\ -3 & 4 & -1 \\ 2 & 0 & 0 \end{pmatrix}\begin{pmatrix} f_1 \\ f_2 \\ f_3 \end{pmatrix}$$

$$= \frac{1}{3}h\begin{pmatrix} 1 & 4 & 1 \end{pmatrix}\begin{pmatrix} f_1 \\ f_2 \\ f_3 \end{pmatrix}$$

$$\therefore Y = \frac{1}{3}h(f_1 + 4f_2 + f_3) \tag{4.11}$$

を得ます.この式 (4.11) 式がシンプソン則(あるいはシンプソン公式)と呼ばれるものです.

観測値 f_1, f_2, f_3, f_4, f_5 が得られたとします.ここでシンプソン則を適用するために (f_1, f_2, f_3), (f_3, f_4, f_5) の 2 つの組に分けます.図 4.3 に示すように $f_1 \sim f_3$ の積分値を S_1, $f_3 \sim f_5$ の積分値を S_2 とします.このときの間隔を h とします(等間隔とします).S_1, S_2 を計算するために式 (4.11) を適用します.$f_1 \sim f_5$ の積分値を S とすると,

$$S_1 = \frac{1}{3}h(f_1 + 4f_2 + f_3)$$

$$S_2 = \frac{1}{3}h(f_3 + 4f_4 + f_5)$$

$$S = S_1 + S_2$$

$$= \frac{1}{3}h\{f_1 + f_5 + 4(f_2 + f_4) + 2f_3\} \tag{4.12}$$

となります.この式 (4.12) を一般化した式を式 (4.13) に示します.

4.2 数値積分

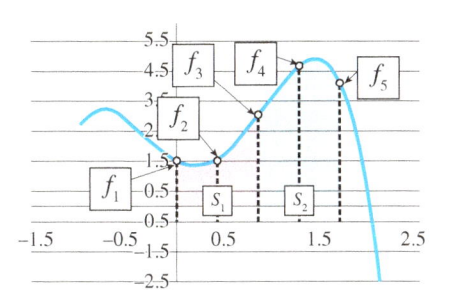

図 4.3 2組のシンプソン則

$$S = \frac{1}{3}h\left(f_1 + f_5 + 4\sum_{i=2}^{n-1}f_i + 2\sum_{j=3}^{n-1}f_j\right) \quad (4.13)$$

偶数　　奇数

下記にシンプソン則で計算する関数 M- ファイルを示します.

List 4-5　simpson.m
```
1:  function res = simpson(f,h)
2:  %res = simpson(a,b,f)
3:  %   等間隔によるSimpsonアルゴリズムを用いた数値積分
4:  %   書式
5:  %       f   : 被積分データのベクトル
6:  %       h   : 刻み幅
7:      fsize = length(f);
8:      fa = f(1);    fb = f(fsize);
9:      if 3 >= fsize
10:         res = h * (fa + 4*f(2) + fb) ./ 3;
11:         return;
12:     end
13:     feven = f(2:2:fsize-1);    %   偶数番目の関数値
14:     fodd  = f(3:2:fsize-1);    %   奇数番目の関数値
15:     res = h * (fa + fb + 4*sum(feven) + 2*sum(fodd))./3;
```

積分範囲を $[0\ \pi]$ とし，$\sin x$ を台形則とシンプソン則で数値積分します．このときの刻み h を $\frac{\pi}{10}$ とします．$\int_0^\pi \sin x\, dx$ の理論値は 2 になります．

シンプソン則と台形則による精度	計算結果

`>> format long e;  h = pi/10;`
`>> x = 0:h:pi;  y = sin(x);`
`>> S = simpson(y,h)`
 	
`>> T = trapz(y)*h`
 	
`>> abs(2-S) %Simpson 誤差`
 	
`>> abs(2-T) % 台形誤差`
	`S =`
	`    2.000109517315004e+00`
	`T =`
	`    1.983523537509454e+00`
	`ans =`
	`    1.095173150043038e-04`
	`ans =`
	`    1.647646249054557e-02`

上の計算結果のように,滑らかに変化する曲線の積分はシンプソン則のように曲線で当てはめて計算する方が,計算精度がよいのがわかると思います.また,台形則とシンプソン則の関係は簡単に求められます.

関数による数値積分

高精度の時系列データの積分値を求めるとき,精度は,データ間をどのように補間するかによって左右されます.これに対し,被積分関数を数式で与えられる場合は,任意の分点を設定することができますので,高精度な数値積分が期待できます.

MATLAB に準備されているものでは `quad()`,`quadl()`,`quadv()` などがそれに相当します.`quad()` 関数はシンプソン則の分点間隔を指定された誤差になるよう制御しながら数値積分する適応型シンプソン法を用いたものです.これに対し,`quadl()` 関数はガウス型積分ソルバの一種のガウス‐ロバット法を用いた積分ソルバです.

適応型シンプソン求積法 quad()

基本的に台形則とシンプソン則では積分区間を等間隔に分割して計算します.ただ,間隔のとり方によっては,計算精度が影響を受けます.この間隔を細かくしていけば計算精度を上げられることは予想できます(計算時の丸め誤差などの問題はありますが).

4.2 数値積分

　適応型シンプソン求積法を用いた `quad()` を用いると，はじめ適当な間隔でシンプソン則による積分が計算されます．ここから，指定された精度（1.0e-6）になるまで，間隔を変化させながら積分していくのが，この `quad()` 関数です．

　前記した例 $\int_0^\pi \sin x\,dx$ を先ほどと同じ刻み $h = \dfrac{\pi}{10}$ で simpson.m で計算した結果と `quad()` を用いた結果とを見比べてみましょう．

シンプソン則と `quad()` による精度	計算結果
`>> format long e;  h = pi/10;`	
`>> x = 0:h:pi;  y = sin(x);`	
`>> S = simpson(y,h)`	`S =`
	`        2.000109517315004e+00`
`>> ARS = quad(@sin,0,pi);`	`ARS =`
	`        1.999999996398431e+00`
`>> abs(2-S)`	`ans =`
	`        1.095173150043038e-04`
`>> abs(2-ARS)`	`ans =`
	`        3.601569042999131e-09`

　適応型求積法は高精度な積分を計算してくれます．`quad()` の詳細についてはオンラインヘルプを参照してください．

ガウス求積法の基本的な考え方

　今まで見てきた台形則やシンプソン則は積分 $\int f(x)\,dx$ を等間隔の評価関数と重み関数の総和を計算していました．

$$\int_a^b f(x)\,dx = \sum_{i=0}^n w_i f(x_i)$$

　たとえば，台形則では「$w_i = \dfrac{1}{2}h(1,2,2,\cdots,2,2,1)$ の重み関数を使っている」とみなしてもよいと思います．シンプソン則についても同じことです．したがって，重み関数をさまざまに工夫することで高精度な数値積分を計算することができるはずです．

　ガウスは，重み因子の集合と近似関数値の位置を最適化することにより，精度

を十分に高められることを示しました．あとは最適な精度になる重み因子 w_i と x_i を決めるだけです．

$$\int_{-1}^{1} f(x)\,dx \approx w_0 f(x_0) + \sum_{i=0}^{k} w_i \{f(x_i) + f(-x_i)\} \quad n:奇数,\quad k = \frac{(n-1)}{2} \quad (4.14)$$

$$\approx \sum_{i=0}^{k} w_i \{f(x_i) + f(-x_i)\} \qquad n:偶数,\quad k = \frac{n}{2} \qquad (4.14)'$$

通常，ガウス求積法は積分区間 [–1 1] を計算するアルゴリズムになっています．もし，被積分関数 $f(x)$ が原点に対し対称性を示すのであれば変数変換して積分範囲を変更します．

ここで単純な例を考えてみたいと思います．被積分関数として 1, x, x^2, x^3 を考えます．これらの積分は

$$\int_{-1}^{1} 1\,dx = 2 = w_1[1+1]$$

$$\int_{-1}^{1} x\,dx = 0 = w_1[x_1 - x_1]$$

$$\int_{-1}^{1} x^2\,dx = \frac{2}{3} = w_1[x_1^2 + x_1^2]$$

$$\int_{-1}^{1} x^3\,dx = 0 = w_1[x_1^3 - x_1^3]$$

となり，これらから $w_i = 1$, $x_1^2 = \frac{1}{3}$ になります．したがって，$n=2$ ならば式 (4.14)′ から

$$\int_{-1}^{1} f(x)\,dx \approx \left[f\left(\frac{1}{\sqrt{3}}\right) + f\left(-\frac{1}{\sqrt{3}}\right) \right]$$

となります．ただし，これは低次（3 次まで）の関数に対する積分の近似です．高次の関数による求積法はサンプリング間隔や重みづけ因子を考慮する必要があります．

高次の求積においてこの重みづけ因子を考える場合，小区間における被積分関数値をどのような多項式で近似するかで各種のアルゴリズムが考案されています．M. Abramowitz and I. Stegun, "Handbook of Mathematical Functions with Formulas, Graphs, and Mathematical Table", Dover Publication, 1965 に区間や重みづけ因子はまとめられています．この文献に記載されている重みづけ因子などは，応用数学

で活用されています．

前述したようにガウス型求積法は積分区間 [−1 1] を対象としています．しかし，実務的には任意の有限な積分区間で計算をしたいことでしょう．このような場合，適当な変数変換を行って積分区間を拡張します．

適応型ガウス-ロバット求積法 quadl()

オランダの数学者ロバット（R. Lobatto）が考案した多項式を用いたガウス型求積法です．MATLAB に実装されている積分ソルバの中で最も高精度に積分を計算することができます．

例として $\int_0^{\frac{\pi}{2}} x\sin(x)\,dx$ を MATLAB に実装されている各積分ソルバで計算してみます．この積分値は理論的には 1 になります．

各求積法による誤差	計算結果
`>> format long e;` `>> x = 0:pi/100:pi/2; y = x.*sin(x);`	
`>> T = trapz(x,y)`	`T =` `    1.000082250762213e+00`
`>> AS = quad('x.*sin(x)',0,pi/2)`	`AS =` `    1.000000002891673e+00`
`>> GL = quadl('x.*sin(x)',0,pi/2)`	`GL =` `    1.000000000075719e+00`
`>> abs(1-T)      %台形則による誤差`	`ans =` `    8.225076221335392e-05`
`>> abs(1-AS)     %quad による誤差`	`ans =` `    2.891673345217782e-09`
`>> abs(1-GL)     %quadl による誤差`	`ans =` `    7.571854254706523e-11`

このほかにも，さまざまなアルゴリズムを採用した積分ソルバが MATLAB には実装されています．詳細はオンラインヘルプを参照してください．この中には積分ソルバを用いる指針が記載されています．積分を計算する前には一読することをおすすめします．

多重積分の基本

本章ではここまで 1 変数関数の数値積分について見てきました．ただ，実際の応用分野では空間的な広がりを解析するために多重積分をする必要があります．はじめに，2 重積分について見ていきます．

2 重積分 $\int_a^b \int_c^d f(x,y)\,dy\,dx$ を考えてみます．このとき，$F(x) = \int_c^d f(x,y)\,dy$ とすると，2 重積分は $F_2 = \int_a^b F(x)\,dx$ で計算することができます．積分区間 [*c d*] が独立変数 *x* に依存する場合でも適用することができます．

2 つの積分区間 [*a b*]，[*c d*] が独立である場合は **dblquad()** を用いることができます．それに対し，内側の積分範囲が独立変数 *x* の関数になる場合は **quad2d()** を用いることができます．これらの多重積分は特異点を含んだ関数（特異点関数）も計算することができます．ただし，被積分関数が十分滑らかでないと計算することはできません．

例として，オンラインヘルプの例題に示してある式 (4.15) のような特異点関数

$$f(x,y) = \frac{1}{\sqrt{x+y}\,(1+x+y)^2} \tag{4.15}$$

を *x* の積分範囲 [0 1]，$y = 1-x$ として **quad2d** 関数で 2 重積分します．解析解は $\frac{\pi}{4} - \frac{1}{2}$ になります．点 (0,0) は式 (4.15) の特異点の 1 つです．

4.2 数値積分

List 4-6 quad2d_Pict.m

```
1: %quad2dのサンプルスクリプト
2: %     f(x,y) = 1/(sqrt(x + y)*(1 + x + y)^2)
3: %   xの積分区間 [0 1]，y=1-x で quad2d を使って 2 重積分する.
4: h = 0.01;    x = 0:h:1;
5: ymax = @(x) 1 - x;
6: y = ymax(x); [X,Y] = meshgrid(x,y);
7: fun = @(x,y) 1./(sqrt(x + y) .* (1 + x + y).^2 );
8: Z = fun(X,Y);
9: figure;mesh(X,Y,Z)
10: xlabel('x');ylabel('y');zlabel('f(x,y)');
11: title('f(x,y)=1/(sqrt(x+y)*(1+x+y).^2)')
12: Q = quad2d(fun,0,1,0,ymax)
```

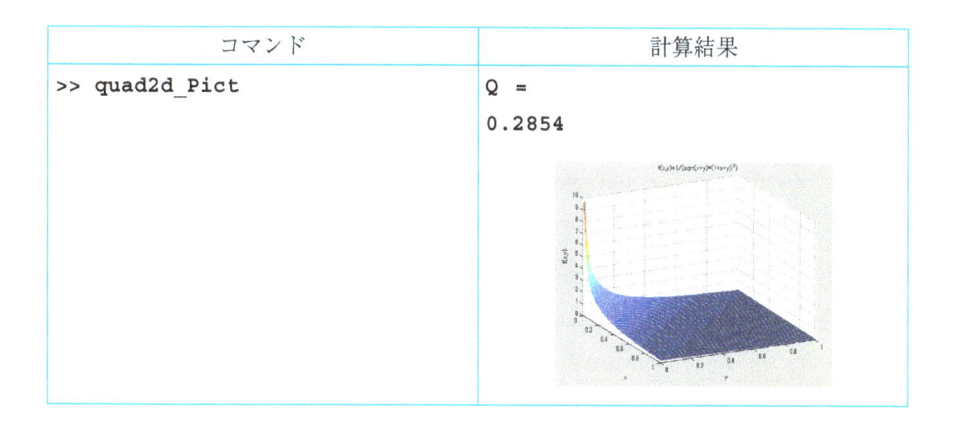

コマンド	計算結果
`>> quad2d_Pict`	Q = 0.2854

第5章
微分方程式と ode ソルバ活用

微分方程式は一部を除きほとんど代数的に解を求めることはできません．解けないけれど解を知りたい場合，微分方程式を数値的に解析します．MATLAB にも微分方程式の解を数値的に求める各種 ode ソルバが実装されています．通常，4 または 5 次のルンゲ - クッタ（Runge-Kutta）法を用いますが，場合によっては数値的不安定になる場合があります．したがって MATLAB で微分方程式を計算する場合，各種アルゴリズムを知ることは非常に大切なことです．

5.1 常微分方程式の数値解の基本

前章で見てきた式 (4.1) によるオイラー法は，微分方程式の解法としても活用できます．微分の立場から式 (5.1) の被微分関数 $f(x)$ を求める場合，被微分関数の積分を行えばよいのはご存じのことと思います（積分進行法）．

ここでは，常微分方程式として式 (5.1) を考えます．

$$\frac{du(x)}{dx} = f(x, u(x)) \tag{5.1}$$

上式の解曲線を数値解析的に求めるために，離散化すると

$$u(x_{k+1}) = u(x_k) + \int_{x_k}^{x_{k+1}} f(x, u(x)) dx \tag{5.1}'$$

となります．ここで，x_k はある時点の独立変数の値，x_{k+1} は次の独立変数の値です．この $k=0, 1, 2, ...$ と変化したとき，精度よく積分項を計算することができれば解曲線を求めることができます．しかし，式 (5.1)' の積分項を見ると積分範囲が $[x_k, x_{k+1}]$ と，陰的な式になっています．この陰的な方程式の計算は簡単にはできません．この積分項の計算をするために

- オイラー法
- 台形法（修正オイラー法）

- 中点法
- 改良オイラー法，ホイン（Heun）法
- ルンゲ-クッタ法

などの方法があります．また，Simulinkでさまざまなモデルをシミュレーションするにも，目的に合ったアルゴリズムを選択する必要があります．場合によっては異常に計算時間がかかったり，数値解析的に不安定になる場合があります．

ode ソルバの実行

odeソルバで解を求めるにはode-ファイルと呼ばれるファイルを作成します．これは，第3章で見た関数M-ファイルです．odeソルバに関数M-ファイル名を関数ハンドルとして引数に引き渡します．当然のことながら無名関数ハンドルとしても大丈夫です．

例として，微分方程式 $y'=-y$ の解を区間 [0 5]，初期値 $y_0=1$ で求め，解曲線を描いてみます．ここでは無名関数ハンドルを用いました．

コマンド

```>> tspan = [0 5];   y0 = 1;```
```>> figure;```
```>> % 無名関数ハンドルによる実行```
```>> [TOUT,YOUT] = ode45(@(t,y)-y,tspan,y0);```
```>> plot(TOUT2,YOUT2);   grid on```
```>> title('Function Handle'); xlabel('t'); ylabel('y');```
```>> legend('dy/dt = -y')```

実行結果

5.2 オイラー法からルンゲ-クッタ法へ

微分方程式は微分項を含んだ方程式として表現されています．この方程式から

解曲線を求めるのに積分を施しますが，第 4 章で見たように，この積分をどのように近似するかによりアルゴリズムが分かれます．ここでは基本的なオイラー法から標準的解法で用いられるルンゲ - クッタ法まで見ていきたいと思います．

オイラー法

　オイラー法の計算精度は決して高くはありません（ほかのソルバに比べおそらく最悪でしょう）．しかし，多くのアルゴリズムはこのオイラー法から出発しています．また，精度の問題を除けば，アルゴリズムが単純で直観的です．このため，ほとんどの数値解析のテキストはこのオイラー法からはじまっています．

　オイラー法では第 4 章の数値微分積分で見たように導関数を差分で表現します．実際には式 (5.1)′ に示す積分項を $\{f(x_{k+1}, u(x_{k+1})) - f(x_k, u(x))\}h$ で近似して計算します．ここで，$h = \dfrac{x_{k+1} - x_k}{N}$ で，N は刻み数です．

　ここで，単純な場合について考えてみます．すなわち $y = f(x, u(x))$ とします．これらを式 (5.1)′ に適用すると，$y_{i+1} = y_i + \dfrac{y_{i+1} - y_i}{h}$ となります．しかし，この式は陰的方程式になっており，そのままでは計算することができません．そこで，上式を y_{i+1} についてまとめます．

$$y_{i+1} = y_i + hy_i \tag{5.2}$$

　式 (5.2) は積分を長方形で近似していることになります．

　オイラー法による $\dfrac{dy}{dt} = f(t, y)$ を計算する ode ソルバを List 5-1 に，オイラー法によるテストスクリプトを List 5-2 に示します．

List 5-1   SlvEuler.m

```matlab
 1: function varargout = SlvEuler(func,span,y0,N)
 2: %[Y,X] = SlvEuler(func,span,y0,N) Euler Method
 3: %Euler法による常微分方程式の解法ソルバ
 4: % 入力引数
 5: %    func    : 被積分関数
 6: %              関数は文字列関数名または関数ハンドル
 7: %              関数は y = func(x,y) である必要がある
 8: %    span    : 積分区間
 9: %    y0   : 初期値      N   : 分割数
10: % 出力引数
11: %    Y    : 特殊解      X   : 特殊解の独立変数
12: %          独立変数 x はオプション
13:
14: %    被積分関数のオブジェクト判定
15:     if ischar(func)                % 関数名が文字列？
16:         fh = str2func(func);             % 関数ハンドルへの変換
17:     elseif isa(func,'function_handle')
18:         fh = func;
19:     end
20:     a = span(1);      b = span(2);
21:     Y = zeros(N,1);
22:     dx = (b-a)/N;    x = a;    Y(1) = y0;
23:     for i=1:N-1
24:         x = x + dx;  Y(i+1) = Y(i) + dx*fh(x,Y(i));
25:     end
26:     % 戻り値の設定
27:     if 1 == nargout            % 戻り値が1変数のとき
28:         varargout{1} = Y;
29:     elseif 2 == nargout        % 戻り値が2変数の場合
30:         varargout{1} = Y;   varargout{2} = X;
31:     else
32:         varargout{1} = Y;   disp('戻り値を設定すべきです');
33:     end
```

```
List 5-2    U_SlvEulerTest.m
 1: function U_SlvEulerTest(f,y0,h,tspan)
 2: %Euler法による1階微分方程式の解法
 3: %    刻みhの変化による計算精度のグラフ化
 4: %    対象とする微分方程式 y' = f
 5: %       計算条件
 6: %       y'(0) = y0, h : 刻み（ベクトル）
 7: %       tspan : 計算区間
 8:    n = length(h);
 9:    figure;    hold on
10:    for i = 1:n
11:        t = tspan(1):h(i):tspan(2)-h(i);    N = length(t);
12:        slv = SlvEuler(f,tspan,y0,N);
13:        plot(t,slv');
14:    end
15:    grid on,   xlabel('t');    ylabel('y')
```

List 5-2 を $\frac{dy}{dt} = -f$ について刻み h = [1.5 1 0.1 0.01], 計算スパンを [0 20] で計算した結果を下記に示します．この結果から，刻みが大きいときには計算が不安定になっているのが確認できますが，刻みが小さくなるに従い計算精度は向上していきます．

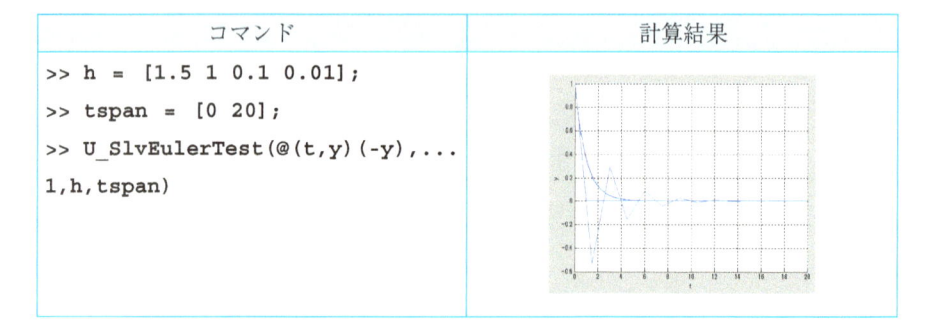

コマンド	計算結果

`>> h = [1.5 1 0.1 0.01];`
`>> tspan = [0 20];`
`>> U_SlvEulerTest(@(t,y)(-y),...`
`1,h,tspan)`	

台形法（修正オイラー法）

台形法（修正オイラー法）では式 (5.1)' の積分項を計算するのに台形則を用い

ます。ただし，このままでは積分項に u_{k+1} が入っていて，陰的な方程式になっています。そこで，積分項を式 (5.3) のように台形則として近似し $f(u(x_{k+1}), x_{k+1})$ と $u(x_{k+1})$ について求める方程式に変形（式 (5.4)）する方法と，$f(u(x_{k+1}), x_{k+1})$ を何らかの方法を使って近似する方法が考えられます．

$$\int_{x_k}^{x_{k+1}} f(x, u(x))dx = \frac{h}{2}\bigl(f(x_{k+1}, u(x_{k+1})) + f(x_k, u(x_k))\bigr) \tag{5.3}$$

$$u(x_{k+1}) = u(x_k) + \frac{h}{2}\bigl(f(x_{k+1}, u(x_{k+1})) + f(x_k, u(x_k))\bigr) \tag{5.4}$$

台形法では $f(u(x_{k+1}), x_{k+1})$ をオイラー法で近似します．したがって

$$\tilde{u}_{k+1} = u_k + hf(x_k, u(x_k)) \tag{5.5}$$

$$u_{k+1} = u_k + \frac{h}{2}\bigl(f(x_k, u(x_k)) + f(x_k, \tilde{u}_{k+1})\bigr) \tag{5.6}$$

から解曲線を計算します．被積分関数が比較的単純な場合は，式 (5.4) で解曲線を計算してもいいのですが，労力に見合うほどの精度は期待できません．しかし，刻み幅 h がある程度小さい場合，そこそこの精度は期待できます．

式 (5.5)，(5.6) を用いたスクリプトを List 5-3，そのテストスクリプトを List 5-5 に示します．

```
   List 5-3    SlvModEuler.m
 1: function varargout = SlvModEuler(func,span,y0,N)
 2: %[t,Y] = SlvModEluer(func,span,y0,N) Modified Euler Method
 3: %     修正 Euler 法による常微分方程式の解法ソルバ
 4: % 入力引数
 5: %    func     :被積分関数
 6: %                関数は文字列関数名または関数ハンドル
 7: %                関数は y = func(x,y) である必要がある
 8: %    span     :積分区間
 9: %    y0   :初期値      N   :分割数
10: % 出力引数
11: %    Y   :特殊解    X   :特殊解の独立変数
12: %           独立変数 X はオプション
13:     if ischar(func)                      % 関数名が文字列？
```

```
14:         fh = str2func(func);           % 関数ハンドルへの変換
15:     elseif isa(func,'function_handle')
16:         fh = func;
17:     end
18:     a = span(1);    b = span(2);
19:     h = (b-a)/N;                       % 刻み幅の計算
20:     Y = zeros(N,1); Y(1) = y0;         % 解曲線の初期化と初期値の設定
21:     t = a:h:b;                         % 時間軸の計算
22:     for n = 1:N
23:         f = Y(n) + h*fh(t(n),Y(n));    %Euler法で陰関数を近似
24:         Y(n+1) = Y(n) +h*(fh(t(n),Y(n))+fh(t(n),f))/2;  % 台形則
25:     end
26:     % 戻り値の設定
27:     if 2 == nargout        % 戻り値が2変数の場合
28:         varargout{1} = Y;          varargout{2} = t;
29:     else                   % 戻り値が1変数のとき
30:         varargout{1} = Y;
31:     end
```

テストスクリプトとして $y' = y\cos(t) - e^{-t}\sin\left(y+\dfrac{\pi}{2}\right)+1$ （List5-4）を積分区間 [0 3π]，分割数 20 で計算します（List5-5）．このとき，オイラー法，修正オイラー法および ode45（後述）で解曲線を表示し，その誤差について概観します．

List 5-4　func2.m
```
1: function dy = func2(t,y)
2: dy = y.*cos(t)-exp(-t).*sin(y+pi/2)+1;
```

List 5-5　TestModEuler.m

```matlab
 1: function TestModEuler
 2: % 修正 Euler 法による常微分方程式の解法のテストスクリプト
 3: %    ここでは，Euler 法，修正 Euler 法および ode45 での実行結果の比較
 4: %    をする
 5:     span = [0 2*pi];   N = 20;
 6:     y0 = 0;
 7:     [Ye,te]   = SlvEuler(@func2,span,y0,N);        %Euler 法
 8:     [Yme,tme] = SlvModEuler(@func2,span,y0,N);     % 修正 Euler 法
 9:     [trk,yrk] = ode45(@func2,span,y0);             %4-5 次 Runge-Kutta 法
10:     figure;
11:     plot(te,Ye);       hold on;    %   Euler 法による解曲線
12:     plot(tme,Yme,'r');             %   修正 Euler 法による解曲線
13:     plot(trk,yrk,'g');             %   4-5 次 Runge-Kutta 法による解曲線
14:     Ymax = max([Ye; Yme]);
15:     axis([span(1) span(2) y0 Ymax+Ymax/10])
16:     legend('Euler Method','Modified Euler Method',...
17:            '4-5order Runge-Kutta Method','Location','Best')
18:     GrphTitle = ['dy/dt = {\ity}cos({\itt})' ...
19:                  '-{\ite^{-t}}sin({\ity}+{\it\pi}/2) +1'];
20:     title(GrphTitle);
21:     xlabel('\itt'); ylabel('\ity');    grid on;
```

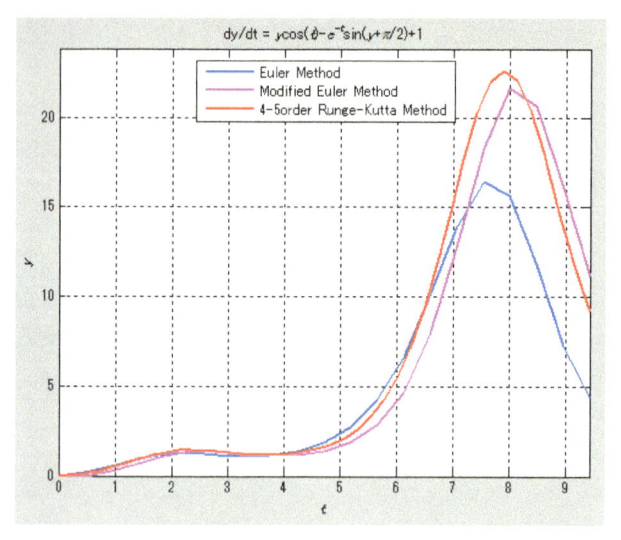

図 5.1　オイラー法，修正オイラー法および ode45 での実行結果

ホイン法によるソルバ

オイラー法（修正オイラー法も含む）は格子点間を直線で近似していました．これは，被積分関数を 1 次のテイラー級数で近似しているものです．それに対し，ホイン法は被積分関数を 2 次の精度をもつテイラー級数で近似するものです．

一般的な 1 階微分方程式 $y' = f(x, y(x))$ から

$$y'' = \frac{\partial}{\partial x}f(x, y(x)) + \frac{\partial}{\partial y}f(x, y(x))y' \tag{5.7}$$

が導けます．ここで，x，y の初期値 x_0，y_0 からの増分を h とします．2 次元のテイラー級数展開より

$$\begin{aligned}
f(x, y) = f(x_0, y_0) &+ \left(h\frac{\partial}{\partial x}f(x, y) + h\frac{\partial}{\partial y}f(x, y)\right)f(x, y) \\
&+ \frac{1}{2!}\left(h\frac{\partial}{\partial x}f(x, y) + h\frac{\partial}{\partial y}f(x, y)\right)^2 f(x, y) + \cdots \\
&+ \frac{1}{n!}\left(h\frac{\partial}{\partial x}f(x, y) + h\frac{\partial}{\partial y}f(x, y)\right)^n f(x, y) + O(h) \tag{5.8}
\end{aligned}$$

ここで $O(h)$ は誤差を表します．

次数2のテイラー展開とし，オイラーの公式により $x_{i+1}=x_i+h$，$y_{i+1}=y_i+h$ とし式 (5.7) から

$$f(x_i+h, y_i+hf(x_i,y_i)) = f(x_i,y_i) + hy'' + O(h^2)$$

$$y'' = \frac{f(x_i+h, y_i+hf(x_i,y_i)) - f(x_i,y_i)}{h} - \frac{1}{h}O(h^2) \tag{5.9}$$

$$y_{i+1} = y_i + hy'(x_i) + \frac{h^2}{2!}y''(x_i) + O(h^3) \tag{5.10}$$

式 (5.9), (5.10) から

$$y_{i+1} = y_i + hf(x_i, y_i) + \frac{h}{2!}\{f(x_i+h, y_i+hf(x_i,y_i)) - f(x_i,y_i)\} + O(h^3) \tag{5.11}$$

が導けます．この式 (5.11) がホイン法になります．ホイン法の関数 M-ファイルを List 5-6 に示します．

```
 1: function varargout = SlvHeun(func,span,y0,N)
 2: %[Y,X] = SlvHeun(func,span,y0,N) Heun Method
 3: %Heun 法による常微分方程式の解法ソルバ
 4: % 入力引数
 5: %   func      :被積分関数
 6: %              関数は文字列関数名または関数ハンドル
 7: %              関数は y = func(x,y) である必要がある
 8: %   span      :積分区間
 9: %   y0  :初期値   N   :分割数
10: % 出力引数
11: %   Y   :特殊解   X   :特殊解の独立変数（独立変数 X はオプション）
12:     if isa(func,'char')               % 関数名が文字列？
13:         fh = str2func(func);          % 関数ハンドルへの変換
14:     elseif isa(func,'function_handle')
15:         fh = func;
16:     end
17:     %Heun 法による解法
18:     h = (span(2)-span(1))/N;    h2 = h/2;
19:     X = span(1):h:span(2);      Y = zeros(1,N+1);
20:     Y(1) = y0;
```

```
21:    for i=1:N
22:        k1 = fh(X(i),Y(i));              %1階微分項
23:        k2 = fh(X(i),Y(i)+h*k1);         %2階微分項
24:        Y(i+1) = Y(i)+h2.*(k1+k2);       %Heun法
25:    end
26:    % 戻り値の設定
27:    if 2 == nargout     % 戻り値が2変数の場合
28:        varargout{1} = Y;          varargout{2} = X;
29:    else
30:        varargout{1} = Y;
31:    end
```

テストスクリプトとして前と同じ $y' = y\cos(t) - e^{-t}\sin\left(y+\dfrac{\pi}{2}\right)+1$ を積分区間 $[0\ 3\pi]$, 分割数 20 で計算します. 今回のテストスクリプトはホイン法, オイラー法および ode45 です. したがって, 関数 M-ファイルは同じ func2.m を使用し, テストスクリプト（TestSlvHeun.m）も TestModEule.m の **SlvEuler** 関数を **SlvHeun** 関数に書き換えているのみです. 実行結果を図 5.2 に示します.

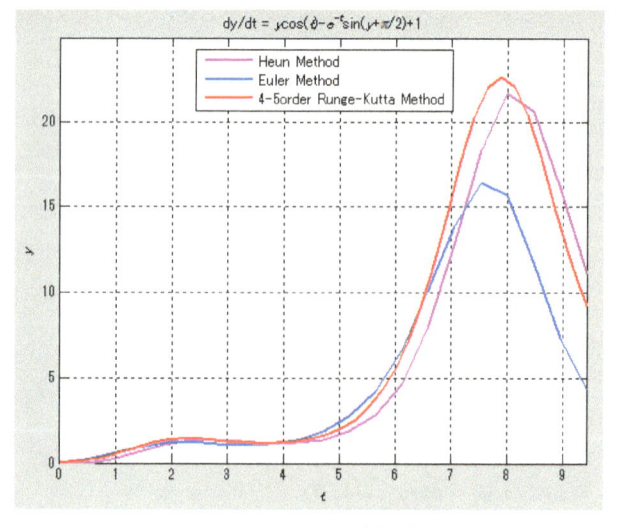

図 5.2　ホイン法の実行結果

ルンゲ-クッタ法

今まで見てきたアルゴリズムは，精度を向上させるために格子点の中点の関数値を1回のみ推定していました．ルンゲ-クッタ法では，この近似を多角的に推定します．このため，厳密な公式の導出に関しては複雑なので，ここでは結果のみを示します．詳細を知りたい人は，数値計算の入門書（たとえば，皆本晃弥（著），『C言語による数値計算入門』，サイエンス社，2005など）を読んでください．

・2次ルンゲ-クッタ法

単純な2次のルンゲ-クッタ法を見てみます．$y' = f(x, y(x))$ に対し注目点 (x_i, y_i) の次の点を推定するには

$$y_{i+1} = y_i + hf'(x_i, y_i)$$

とします．ここで h は刻み幅です．問題はいかに正確に $f'(x_i, y_i)$ を推定するかです．このために：

1. 注目点において，大雑把に次の点を推定（オイラー法を使用）
2. 刻み幅を1/2にし，次の点を推定（上記1.を使用）

を実行します．この計算式は

$$k_1 = hf'(x_i, y_i) \quad \text{（オイラー法による算出）}$$
$$k_2 = hf'\left(x_i + \frac{h}{2}, y_i + \frac{k_1}{2}\right) \tag{5.12}$$
$$y_{i+1} = y_i + k_2 + O(h^2)$$

です．文献によっては，簡易ルンゲ-クッタ法やホイン法とも呼ばれています．

・3次ルンゲ-クッタ法

式(5.12)の2次ルンゲ-クッタ法でもそこそこの精度は得ることができますが，さらに進んだ3次のルンゲ-クッタ法があります．3次ルンゲ-クッタ法では

$$k_1 = hf'(x_i, y_i) \quad \text{（オイラー法による算出）}$$
$$k_2 = hf'\left(x_i + \frac{h}{2}, y_i + \frac{k_1}{2}\right) \tag{5.13}$$
$$k_3 = hf'(x_i + h, y_i + 2k_2 - k_1)$$
$$y_{i+1} = y_i + \frac{1}{6}(k_1 + 4k_2 + k_3) + O(h^4)$$

となります．MATLABの3次ルンゲ-クッタ法のodeソルバを下記に示します．表中の「RK」はルンゲ-クッタ法を示しています．

ソルバ	適用	アルゴリズム	備考
ode23	硬い問題未対応	2〜3次 RK	粗い許容誤差を許す場合
ode23s	硬い問題対応	2〜3次陰的 RK	粗い許容誤差で硬い問題を解く
ode23tb	硬い問題対応	RK法 TR-BDF2	粗い許容誤差で硬い問題を解く

硬い問題については5.4節を，ode23tbについては5.3節表5.2を参照してください．

・4次ルンゲ-クッタ法

さらに進んで4次ルンゲ-クッタ法があります．理論上，さらに高次のルンゲ-クッタ法を考えることもできますが，計算負荷と精度のバランスからこの4次のルンゲ-クッタ法が最もよく用いられています．

$$k_1 = hf'(x_i, y_i) \quad \text{(オイラー法による算出)}$$

$$k_2 = hf'\left(x_i + \frac{h}{2}, y_i + \frac{k_1}{2}\right)$$

$$k_3 = hf'\left(x_i + \frac{h}{2}, y_i + \frac{k_2}{2}\right) \quad (5.14)$$

$$k_4 = hf'(x_i + h, y_i + k_3)$$

$$y_{i+1} = y_i + \frac{1}{6}(k_1 + 2k_2 + 2k_3 + k_4) + O(h^5)$$

MATLABの組み込みソルバとしてはode45がこれにあたります．このode45を使うとオールマイティに常微分方程式の解曲線を求めることができます．使用例は修正オイラー法やホイン法の項を参照してください．

今までのソルバは，刻み幅は一定でした．実際には計算精度を向上させるためにode23やode45の刻み幅は「適応型」になっています．

5.3　N次元連立微分方程式への適用

今までは1階微分方程式について見てきました．しかし，物理現象などを記述しようとするとほとんど2階以上の微分方程式を使うことになります．このよう

5.3 N次元連立微分方程式への適用

な微分方程式の解を計算で求めるには,新たに補助変数を使用し微分項を割り当てます.たとえばDCモータの角度制御基本式

$$J\theta'' + \left(D + \frac{K_E K_T}{R_a}\right)\theta' = \frac{K_T}{R_a}v \tag{5.15}$$

を考えます.各変数は表5.1に示す通りです.なお表中のカッコ内は各変数の単位です.

表5.1 モータの係数

D	粘性制動トルク [Nm/rad/sec]	J	回転子慣性モーメント [Kgm^2]
K_E	逆起電力	K_T	トルク係数 [Nm/A]
R_a	電機子抵抗 [Ω]	v	印加電圧 [V]
θ'	角速度 [rad/sec]	θ''	角加速度 [rad/sec^2]

このとき式(5.15)に補助変数 $x_1 = \theta$, $x_2 = x_1' = \theta''$ を用いて

$$x_1' = x_2$$

$$x_2' = -\frac{1}{J}\left(D + \frac{K_E K_T}{R_a}\right)x_2 + \frac{K_T}{R_a}v \tag{5.16}$$

とします.これにより式(5.16)は見かけ上1階微分方程式になります.この式(5.16)に対し,odeソルバを使って解曲線を計算することができます.

ode-ファイルも行列計算が基本になります.このことを考慮して,式(5.16)をode-ファイルに実装します.

```
List 5-7    DCMtr1.m
1: function dx = DCMtr1(t,x)
2: %DC モータモデル ode45用ode-ファイル
3: % モータパラメータは
4: %J = 4.7e-5[Kgm^2]        Ke= 0.0449[V/rad/sec]
5: %Ra= 2.8[Ω]               Kt= 0.047[Nm/A]
6: %D = 2.8648e-5[Nm/rad/sec] v = 24[V]
7: % 入力引数
8: %    t : 時間進み(未使用)
9: %    x : 状態変数 [角速度;角加速度] の初期値
10: % 出力引数
```

```
11: %     dx  :  状態変数の微分値
12:
13: % モータパラメータ
14: J = 4.7e-5;      Ke= 0.0449;
15: Ra= 2.8;         Kt= 0.047;
16: D = 2.8648e-5;   v = 24;
17: dx = [ x(2);
18:        -((D+Ke*Kt/Ra)/J)*x(2)+v*Kt/Ra];
```

この DC モータモデルに対し，表 5.2 に示す値を与えシミュレーションすることを考えます．

表 5.2 モータの係数値

D	2.8648e-5 [Nm/rad/sec]	J	4.7e-5 [Kgm^2]
K_E	0.0449 [V/rad/sec]	K_T	0.047 [Nm/A]
R_a	2.8 [Ω]	v	24 [V]

角速度，角加速度を $\begin{bmatrix} x_1 \\ x_2 \end{bmatrix} = \begin{bmatrix} 0 \\ 0 \end{bmatrix}$ としたシミュレーション用スクリプトとその実行結果を示します．

List 5-8　DCMtrTest.m
```
 1: %DCMtrTest   DC モータのシミュレーションスクリプト
 2: %    DC モータモデル：DCMtr1
 3: %    シミュレーション条件
 4: %       x0 = [0;0]        角度，角速度の初期値
 5: %       span = [0 2]      シミュレーション時間
 6: x0 = [0;0];    span = [0 2];
 7: [t,x] = ode45(@DCMtr1,span,x0);
 8: figure;
 9: subplot(2,1,1); plot(t,x(:,1));    grid on
10: title('DC Motor Angle'); xlabel('Time(sec)'); ylabel('Angle(rad)');
11: subplot(2,1,2); plot(t,x(:,2));    grid on
12: title('DC Motor Speed');
13: xlabel('Time(sec)');     ylabel('Speed(rad/sec)');
```

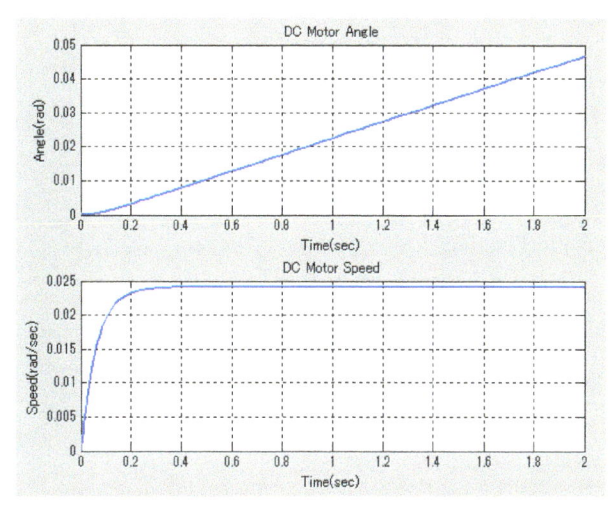

図 5.3 DC モータのシミュレーション結果

5.4 ode45 の問題点（硬い問題）

今までの例のように，滑らかに変化している解曲線では ode45 は非常に汎用性があり高精度です．基本的に刻み幅が細かければ精度は向上します．この精度は刻み幅を指定された誤差（デフォルトで相対誤差 1e-3，絶対誤差 1e-6）内になるように自動調整した結果です．このあたりの議論については，数値計算の専門書に詳しいものがあります（戸川隼人（著），『数値計算法』，コロナ社，1981 など）．また，適当な刻み幅で計算を行った結果，

> プログラムは正しい．
> 始めの部分は正常に計算できている．
> 途中から凹凸が出始め，それが成長して発散している．
> （戸川隼人（著）『数値計算法』，コロナ社，1981 より）

などの問題が発生した場合，数値的不安定が発生している可能性があります．このような場合，

> 数値的不安定の対策としては，まず進み幅を小さくしてみるとよい．たとえば現行の 1/10 にしてみる．
>
> （戸川隼人（著），『数値計算法』，コロナ社，1981 より）

とされています．

では急激な変化（時定数が小さい）と緩やかな変化（時定数が大きい）が共存しているような場合，刻み幅はどうなるでしょうか．常識では急激に変化している方に刻み幅を合わせるべきでしょう．しかし，デジタル信号処理ではパルス応答を解析する場合が多いと思います．このような場合，時定数が小さい方に刻み幅を設定すると計算コストが非常にかかってしまいます．このような方程式を硬い方程式（Stiff 問題，硬い問題）と呼んでいます．

ここで微分方程式 $y' = 1 - ye^t$ を区間 [0 15]，初期値 $y_0 = 0$ で ode45 を用いて計算します．実は，この方程式は（やや）硬い方程式になっています．List5-9 にこの微分方程式を解析するスクリプトを示します．微分方程式 $y' = 1 - ye^t$ は無名関数としています．ただ区間をこれ以上細かく分けるとメモリの関係で計算ができなくなる場合があります．

List 5-9　StiffFuncTest1.m

```
 1: %StiffFuncTest1.m y' = 1-y*exp(t) の解曲線の計算スクリプト
 2: %     硬い方程式 y'=1-y*exp(t) を ode45 および ode15s で比較する
 3: span = [0 15];    y0 = 0;
 4: %ode45 での解析
 5: option45 = odeset('stats','on');   % 解析結果の保存指示
 6: disp('*** ode45 ***')
 7: Ts45 = tic;        % 計算時間の計測開始
 8: [t45,y45] = ode45(@(t,y)(1-y.*exp(t)),span,y0,option45);
 9: T45 = toc(Ts45);       % 計算時間の計測終了
10: Res = fprintf('計算時間 : %d',T45); disp(Res)
11: %ode15s での解析
12: option15 = odeset('stats','on');   % 解析結果の保存指示
13: disp('*** ode15s ***')
14: Ts15 = tic;        % 計算時間の計測開始
```

```
15: [t15,y15] = ode15s(@(t,y)(1-y.*exp(t)),span,y0,option15);
16: T15 = toc(Ts15);        % 計算時間の計測終了
17: Res = fprintf('計算時間 : %d',T15); disp(Res)
18: % 計算結果の表示
19: figure;
20: % 厳密解と ode45 の結果
21: plot(t45,y45);           hold on
22: plot(t15,y15,'r-'); grid on
23: xlabel('t');            ylabel('y');
24: legend('Numerical Analyize ode45', 'Numerical Analyize ode15s')
25: title('Solution useing ode45 & ode15s');
```

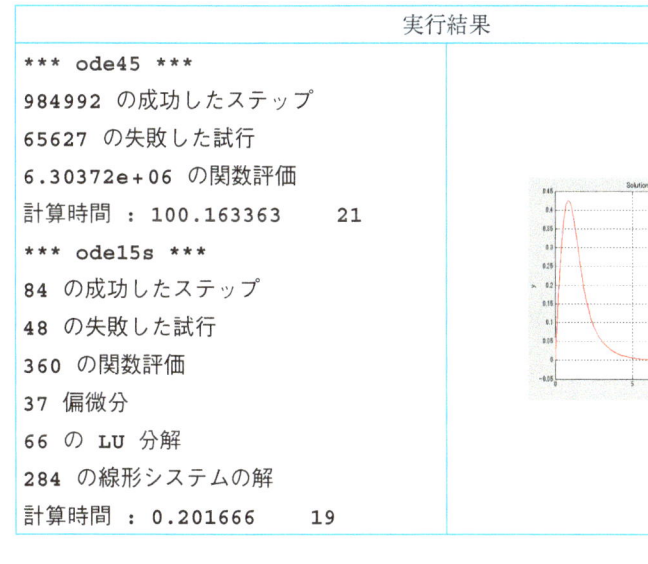

実行結果

```
*** ode45 ***
984992  の成功したステップ
65627  の失敗した試行
6.30372e+06  の関数評価
計算時間 : 100.163363       21
*** ode15s ***
84  の成功したステップ
48  の失敗した試行
360  の関数評価
37  偏微分
66  の LU 分解
284  の線形システムの解
計算時間 : 0.201666       19
```

結果から，ode45 の計算時間は ode15s の約 500 倍，関数評価回数は約 1 万 8,000 倍，ワークスペース内の変数 t15，y15 と t45，y45 のサイズから約 4 万 6,000 倍になっていることがわかります．また，ode45 と ode15s の結果のグラフに大きな差はないように見えます．しかし，ode45 による計算結果にはよく見ると微妙な振動が発生しています．コマンドラインベースでの拡大はインデックスの範囲を超えていますので，フィギュアウィンドウの拡大ツール を使って，

拡大してみましょう．

ode45 では過渡状態で刻み幅が決定され，そのために数値的不安定で振動が発生しています（ode15s ではここまで細かく計算されていません）．また，計算誤差を制御するために何回も刻み幅を制御しながら ode- ファイルを使用して計算しています．MATLAB の ode で硬い問題に対応しているソルバとしては表 5.2 にあげるものがあります．

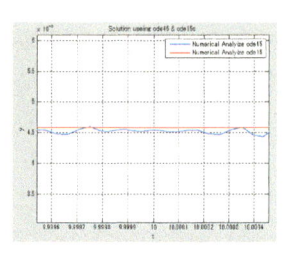

図 5.4　定常状態の振動

表 5.2　硬い問題に対応した ode ソルバ

ソルバ	概要
ode15s	1 次から 5 次までの数値微分式（numerical differentiation formulas: NDF）に基づく可変次数を用いた各種の後退差分方程式（backward differentiation formulas: BDF，ギア（Gear）法とも呼ばれる）
ode23s	2 次のローゼンブロック（Rosenbrock）の公式を改良した単段階ソルバ．粗い許容範囲の場合には関数 ode15s よりも効率的な場合がある
ode23t	フリー内挿を利用して台形法を実行する．問題が適度にス Stiff で数値的減衰のない解が必要な場合に使用
ode23tb	TR-BDF2 の改良版で第 1 ステージで陰的ルンゲ - クッタ法を使った台形法ステップを使用し，第 2 ステージで 2 次の後退差分方程式を使用

このような硬い問題に対し，どのようなソルバが有効かといえば，一般的には陰的解法をもった台形法です．

解析したい方程式が硬い問題を含んでいるかを直観で判断することは，なかなかの難解です．ソルバで解析してはじめてわかることもあります．このようなとき，ode23 でステップ数を多くとり，解曲線の概観がつかめると便利なこともあります．

前記の微分方程式（$y' = 1 - ye^t$）を区間 [0 10]，刻み幅（InitialStep, MaxStep）および許容誤差（RelTol, AbsTol）を多めにとり，ode23 で実行してみます．このスクリプトを List5-10 に示します．

List 5-10 StiffFuncTest2.m

```matlab
%Func3(y'=1-y*exp(t)) の概観を計算するスクリプト
%    ここでは，許容誤差をわざと大きくしている.

%ode オプション 許容誤差は多くしている
initStp = 0.1;   maxStp = 1;
relTl = 1e-1;    absTl = 1e-2;
%NDF の初期値
span = [0 10];  y0 = 0;
%ode45 での解析
% デフォルトで相対誤差 1e-3，絶対誤差 1e-6
   % 解析結果の保存指示
odeopt23=odeset('stats','on', 'InitialStep',initStp,...
                'MaxStep',maxStp,'RelTol',relTl,'AbsTol',absTl);
disp('*** ode23 ***')
Ts23 = tic;      % 計算時間の計測開始
[t23,y23] = ode23(@func3,span,y0,odeopt23);
T23 = toc(Ts23);       % 計算時間の計測終了
Res = sprintf('計算時間 : %f',T23); disp(Res)
% 計算結果の表示
figure;
% 厳密解と ode45 の結果
plot(t23,y23);   grid on
xlabel('t');    ylabel('y');
TxtMsg1 = sprintf('InitialStep : %f MaxStep : %f',initStp,maxStp);
TxtMsg2 = sprintf('RelTol : %f AbsTol : %f',relTl,absTl);
text(5,0.4,TxtMsg1);   text(5,0.35,TxtMsg2);
title('Solution useing ode23');
```

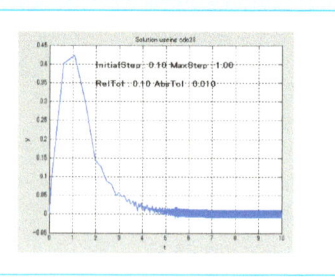

実行結果
| ```
*** ode23 ***
8764 の成功したステップ
32 の失敗した試行
26389 の関数評価
計算時間 ： 0.446668
``` |

 筆者が使用しているコンピュータの実行結果です．上記の実行結果のグラフより x 軸の約 3 あたりから振動が発生しており，x 軸の約 5 あたりから高周波の振動が発生しているのがわかります．これは数値的不安定と思われます．したがって，対象とする微分方程式は硬い問題を含んでいることが予想されます．

 このスクリプトの実行時間ならば，許せる範囲ではないでしょうか．すべてこの方法で硬い問題を判定することはできませんが，1 つの目安にはなると思います．あるいは，芦野隆一・長瀬道弘・Rémi Vaillancourt が自らの解説論文 R. Ashino, M. Nagase and R. Vaillancourt, *Behind and the Matlab ODE suite*, Computer Math. Applic **40**, 491-512, 2000 をもとにまとめた日本語の資料で述べているように，

> (i) まず，ode45 を使ってみる．うまくいけばそれでよし．問題は硬くない系であった．
> (ii) 次に ode23 や ode113 を使ってみる．
> (iii) うまくいかなければ，問題は硬い系かもしれないので，ode15s を使ってみる．うまく働けばそれでよし．さもなくば，ode23s を使う．
> (iv) 最後に ode23t や ode23tb を試す．
>
> （芦野隆一・長瀬道弘・Rémi Vaillancourt,「MATLAB ODE Suite について」，常微分方程式の数値解法とその周辺研究集会発表資料，2000 より）

を実験的に試してみてもいいでしょう．これでほとんどの硬い問題は解決できると思います．
```

第6章 実験データのモデル化

　機器を制御したい場合，その機器の数学モデルが必要になります．制御の教科書などでは，すでに制御対象の数学モデルが明確になっています．現実にはこの数学モデルを構築することからはじまりますが，機器から解析的に数学モデルを構築することは非常に困難です．そこで実験を繰り返してモデルのパラメータを推定することになります．このような制御対象のモデル推定をシステム同定と呼んでいます．実験で得られた観測データから統計処理を行い，観測データの統計的性質を把握することが必要になります．ここでは，MATLABで統計処理を行うための基礎的なコマンドの紹介と実験で得られた観測データから仮定するモデルのパラメータを推定することを考えます．

6.1　実験データの統計処理（基本的な統計処理）

　測定系にもよりますが，通常は同じ測定を複数回行い観測データの統計処理をします．とくに微小な変化を観測するときは測定誤差が大きな影響を与えます．ここではある仮定を想定し，その仮定に正規分布（ガウス分布）による乱数を加えたデータについてMATLABで統計処理をしていきます．

(仮想) 実験と統計処理

　例として，ここではオームの法則における電圧を独立変数とした電圧-電流特性を扱います．仮想の測定として，ここでは電圧値から計算する電流の値に微小な乱数を加えることとします．そしてこの測定で得られた観測データを統計処理します．

　List 6-1に11回測定したときの仮想の観測データを生成するスクリプトを示します．このとき，基礎統計処理として各観測点における平均値（算術平均）と標

準偏差を計算します．また，図 6.1 に実行結果を示します．

実行する環境などによって，まったく同じグラフとならない場合があります．しかし，このスクリプトを活用することは可能です．

```
List 6-1    IEDummyEx.m
1:  %1次関数のパラメータ推定を行うための疑似的なデータを生成する
2:  %スクリプト
3:  %   仮定している関数：I = E / R + randn(size(E))*(0-3e-3);としている．
4:  %   ここで，E:=電圧，I:=電流，R:=抵抗とする．また，電圧は
5:  %   linspace(0,5,10)としている．
6:  N = 11;                        % 実験回数
7:  E = (0:1/2:5)';   R = 1e3;     % 電圧値と抵抗値の設定
8:  % 電流値の計算
9:  leng = length(E); I = zeros(leng,N);
10: for l = 1:leng
11:     I(l,:) = E(l)/R + randn(1,N)*(0.3e-3);
12: end
13: I = I*1e3;                     % 単位を mA ⇒ A へ
14: % ダミーの観測データのグラフ化
15: fid = figure;
16: subplot(1,2,1);plot(E,I,'o',E,I);
17: hold on;    grid on;
18: xlabel('Volts(V)'),ylabel('Currents(A)')
19: title('Volts-Currents Charactar Cuve')
20: axs = axis;
21: %Errorbar の表示
22: Is = std(I,0,2);               % 実験ごとの標準偏差
23: Iave = mean(I,2);              % 電流値の平均値
24: subplot(1,2,2);errorbar(E,Iave,Is)
25: axis(axs);    grid on;
26: xlabel('Volts(V)'),ylabel('Currents(A)')
27: title('Volts-Currents Charactar Cuve')
```

6.1 実験データの統計処理（基本的な統計処理） 115

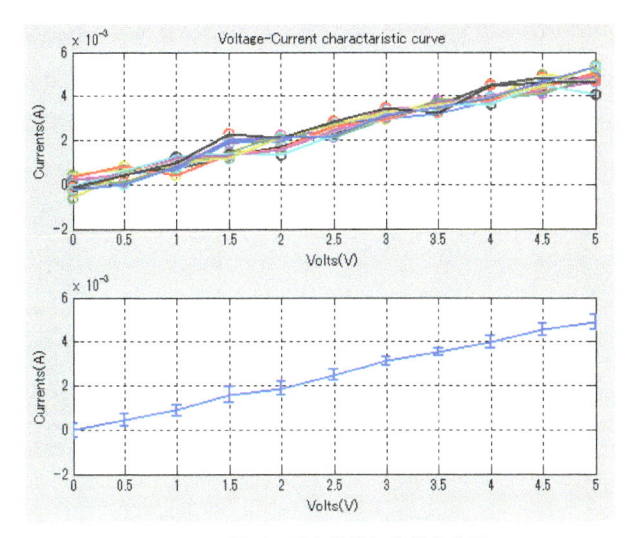

図 6.1 電圧 - 電流特性と基礎的統計

通常，統計処理を考える場合
- 観測データ $(E_i, I_i), (E_{i+1}, I_{i+1})$ 間は相互に独立している
- 計測誤差は独立変数に依存していない
- 誤差は正規分布（ガウス分布）に従う

を前提としています．今回はこの前提を満たすとして基礎的な統計処理を考えています．前提が異なる場合にはほかの統計処理を施すことになります．

List 6-1 の 22 行目まではほとんど問題はないと思います．ただ，11 行目において，`randn()` 関数は正規分布に従う乱数を生成します．この乱数で測定誤差などを表現しています．その他の乱数を発生する関数としては `rand()` 関数があり，これは一様分布に従う乱数を発生させます．

22 行目の `std()` 関数は引数のベクトルまたは行列の標準偏差を計算しています．この `std()` 関数は正規分布を想定しています．第 1 引数には対象となるベクトルまたは行列を置きます．第 2 引数はフラグ（flag）で，この flag の値により

flag = 0 のとき $STD = \sqrt{\dfrac{1}{n-1}\sum_{i=1}^{n}(x_i - \bar{x})^2}$

flag = 1 のとき $STD = \sqrt{\dfrac{1}{n}\sum_{i=1}^{n}(x_i - \bar{x})^2}$

を計算します．ここで，n は母集団数，$\bar{x}$ は母集団の平均値を表しています．一般に母集団数 n が十分に大きい場合には flag = 1 を指定します．第 3 引数が 1 のときは縦方向を母集団として標準偏差を計算します．0 の場合には横方向を母集団として標準偏差を計算しています．この標準偏差は代表値を中心とした分布の広がり具合を示しています．

23 行目で平均値を計算しています．これは算術平均値で，代表値として最もよく使用されています．観測値の分布が正規分布に従っている場合には算術平均値を代表値としても問題はありません．今回は，この算術平均値を計測ごとの代表値としています．ただ正規分布と異なり，分布のピークからみて左右どちらかに偏った型の分布の場合には，算術平均は分布の代表値とはなりにくい点には注意が必要です．そのようなときは中央値（`median()` 関数）などを代表値とします．

図 6.1 の下段に示したグラフは測定ごとの平均電流と標準偏差を示したものです．このグラフにより，平均を中心にして標準偏差もさほど広がりを見せていません．また，電圧と電流の関係も関連がありそうです．そこで，電圧と電流の関連を相関係数で確認してみます．MATLAB でこの相関係数を計算するものとして `corrcoef()` 関数があります．

コマンド	実行結果

`>> Data = [E Iave];`
`>> corrcoef(Data)`
	ans =
	   1.0000 0.9976
	   0.9976 1.0000

表 6.1　相関係数

	E	I_{ave}
E	1.0000	0.9976
I_{ave}	0.9976	1.0000

この `corrcoef()` 関数は相関係数行列を返します．表 6.1 において，E-I_{ave} の欄の値が相関係数になります．上記の実行結果から E と I_{ave} の相関係数が 0.9976 であることが確認できます．したがって，電圧値 E と観測データ（電流値）の平均値 I_{ave} との間には，かなり有意な相関があります．また，図 6.1 の下段のグラフから直線で近似できそうだとわかります．`corrcoef()` 関数の詳細はオンラインヘルプを参照してください．

1次関数モデルのパラメータ推定

曲線のフィッティングは観測データと仮定したモデルとの間で極力差がなくなるようなパラメータを推定することです．極端にいえば，N組の観測データがあればN次多項式ならば誤差はあり得ません．ここで問題になるのは「N組の観測データなら必ずN次多項式が必要なのか」でしょう．オッカムの剃刀を考えるべきでしょう．前記の問題において図6.1下段のグラフや表6.1から相関係数も高い値を示しているので，1次関数で近似できそうです．

ここで，N組の内i番目の観測したデータを(x_i, y_i)としx_iとy_iの関係を$y_i = ax_i + b$と仮定します．最もフィッティングがよい場合には$\sum_{i=1}^{N}\{y_i - (ax_i + b)\}^2 = 0$になるはずです．ただし，いろいろな要因で必ずしもこのようにはなりません．それでも少なくとも$\sum_{i=1}^{N}\{y_i - (ax_i + b)\}^2$を最小にしたいと考えるのは自然です．これは，関数の最小値問題になります．曲線のフィッティング問題は，関数の最小値問題から仮定したモデルのパラメータa, bを推定するものです．

関数が最小（あるいは最大）になる場所の候補は，関数の微分が0になるところです．式で表すと

$$\frac{\partial Y}{\partial a} = \frac{\partial}{\partial a}\sum_{i=1}^{N}\{y_i - (ax_i + b)\}^2 = 0 \tag{6.1}$$

$$\frac{\partial Y}{\partial b} = \frac{\partial}{\partial b}\sum_{i=1}^{N}\{y_i - (ax_i + b)\}^2 = 0 \tag{6.1}'$$

になります．ここで式(6.1), (6.1)′を整理し行列表記すると

$$\begin{pmatrix} a \\ b \end{pmatrix} = \begin{pmatrix} \sum_{i=1}^{N} x_i^2 & \sum_{i=1}^{N} x_i \\ \sum_{i=1}^{N} x_i & N \end{pmatrix}^{-1} \begin{pmatrix} \sum_{i=1}^{N} x_i y_i \\ \sum_{i=1}^{N} y_i \end{pmatrix} \tag{6.2}$$

で計算することができます．これを最小2乗法（最小自乗法）と呼んでいます．MATLABにおいては，`polyfit()`関数で計算することができます．

この`polyfit()`関数を用いてパラメータ推定を行うスクリプトをList 6-2に示

します．

List 6-2　IECurve.m

```matlab
function [Resist,Bias] = IECurve(E,Iave)
% 抵抗器における電圧 - 電流特性の曲線のフィッティング
%    このスクリプトはIEDummyEx.mで計算された電圧値E，
%    平均電流値Iaveを使用し，電圧 - 電流特性の係数を計算する
%    参照　IEDummy.m
%    書式　　　[Resist,Bias] = IECurve(E,Iave)
%    入力　E:IEDummyExで計算された電圧値
%          Iave:IEDummyExで計算された電流値
%    出力　Resist:E,Iaveから推定した抵抗値
%          Bias:E,Iaveから推定したバイアス電流

% 電圧 - 電流曲線のグラフ化
figure;plot(E,Iave,'o',E,Iave,'b')
grid on    hold on
title('Basic statistics of Voltage-Current curve')
xlabel('Volts(V)'), ylabel('Currents(A)')
% カーブフィッティング（多項式の係数計算）
P = polyfit(E,Iave,1);
Resist = 1/P(1);    Bias = P(2);
% 計算された抵抗値とバイアス値からカーブを描画
Emin = min(E);  Emax = max(E);  V = linspace(Emin,Emax,100);
I = polyval(P,V);   plot(V,I,'r');
legend('Observ Data','Observ Curve','Presumption Curve', ...
       'Location','Best')
```

List 6-2 の計算結果を使用したパラメータ推定を下記に示します．今回の場合は電圧，電流から抵抗値を推定することになります．

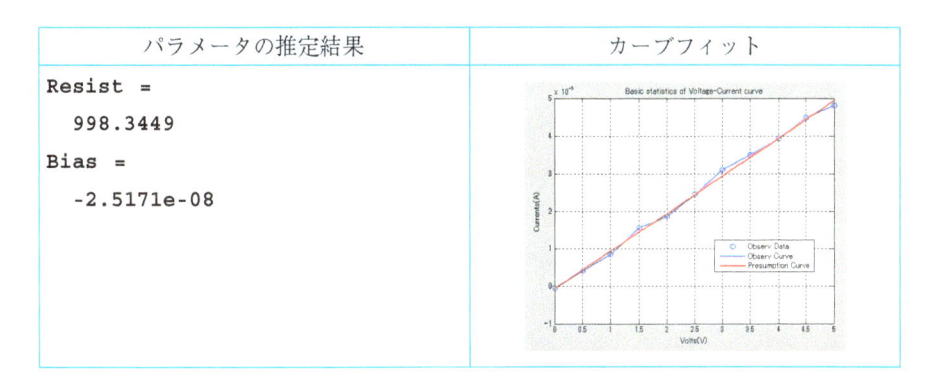

パラメータの推定結果	カーブフィット

`Resist =`
  `998.3449`
`Bias =`
  `-2.5171e-08`
	(Basic statistics of Voltage-Current curve のグラフ)

推定したパラメータをもとに電圧区間 [0 5] までの電流値を計算するのに **polyval()** 関数を使用しています．**polyfit()** 関数，**polyval()** 関数の詳細はオンラインヘルプを参照してください．上記の実行結果から，抵抗値として約 1 [KΩ]，バイアス電流はほぼ 0 [A] とみなすことができます．

1 次関数モデルのの確からしさ

カーブフィットの確からしさの 1 つの指標として最尤関数：

$$\chi^2 = \sum_{i=1}^{N} \left(\frac{y_i - \bar{y}_i}{\sigma_i} \right) \tag{6.3}$$

を定義します．ここで，σ_i は i 番目のデータ点の測定値の標準偏差とします．y_i と x_i の関係式：$y_i = a_1 x_i + a_2$ が完全にフィットしていれば，

$$\frac{\partial \chi^2}{\partial a_i} = 0 \tag{6.4}$$

となります．また，パラメータ a_1, a_2 のフィットの確からしさは不完全 Γ 関数から計算することができます．不完全 Γ 関数は Γ 関数

$$\Gamma(z) = \int_0^\infty t^{z-1} e^{-t} \, dt$$

から計算することができます．不完全 Γ 関数 $P(x, a)$ は

$$P(a, x) = \frac{1}{\Gamma(a)} \int_0^x e^{-t} t^{a-1} \, dt$$

で表現されます．MATLAB では **gammainc()** 関数から計算することができます．

この不完全 Γ 関数と補関数 $Q(a, x)$ から

$$P(\chi^2, v) = gammainc\left(\frac{\chi^2}{2}, \frac{v}{2}\right)$$

$$Q(\chi^2, v) = 1 - P(\chi^2, v) \tag{6.5}$$

で計算できます．式 (6.5) の v は $v = N - n$ です．通常，式 (6.5) の Q が $\frac{1}{5}$ 以上ならばほぼフィットしているとみなしてよいでしょう．しかし，$Q < \frac{1}{10}$ ならば完全にフィットしていないことになります．このような場合，

    1. 誤差が正規分布に従っていない
    2. 測定誤差 $\Delta y_i = y_i - \bar{y}_i$ から多項式の次数を再検討する必要がある
    3. 仮定しているモデルが間違っている

などを検討すべきでしょう．

ここで，先ほどのカーブフィットの例を検証してみます．検証する指標として式 (6.5) の Q および式 (6.3) の χ^2 を計算します．この計算を行うスクリプトを List 6-3 に，その実行結果を下記に示します．

List 6-3　評価関数 CurveTest1ord.m

```matlab
 1: function [Q,salpha,chi2] = CurveTest1ord(y,x,a,b)
 2: % カーブフィットの確からしさの検証
 3: %   1次関数において，カーブフィッティングの確からしさを計算する
 4: % 引数
 5: %     y,x：測定データ（ベクトル）
 6: %     a,b：推定した係数パラメータ
 7: % 戻り値
 8: %     Q：補関数値
 9: %     salpha：係数パラメータの標準偏差
10: %     chi2：χ^2 の標準偏差
11: Y = a.*x+b;
12: figure;plot(x,y,'+',x,Y,'r')
13: grid on;   hold on
14: N = length(y);
15: sy = 0.25/sqrt(N);    sx = std(x);
16: salpha = sy*[sqrt(mean(x.^2)) 1]/sqrt(N)/sx;
```

```
17: chi2 = sum((y-Y).^2)/sy^2;     Q = 1 - gammainc(chi2/2,(N-2)/2);
18: SlopMsg = sprintf('slope=%f',a);          text(2.3,3.2e-3,SlopMsg);
19: IMsg = sprintf('intercept=%f',b);         text(1.5,1.2e-3,IMsg);
20: chiMsg = sprintf('Chi-Squard=%f',sy);     text(3,2.2e-3,chiMsg);
21: QMsg = sprintf('Q(chi^2,%d) = %f',(N-2),Q);   text(3,1.7e-3,QMsg);
22: legend('Observ Data','Presumption Curve', 'Location','NorthWest')
23: title('Basic statistics of Voltage-Current curve')
24: xlabel('Volts(V)'),  ylabel('Currents(A)')
```

コマンド
`>> [Q,salpha,chi2] = CurveTest1ord(Iave,E,1/Resist,Bias);`
実行結果

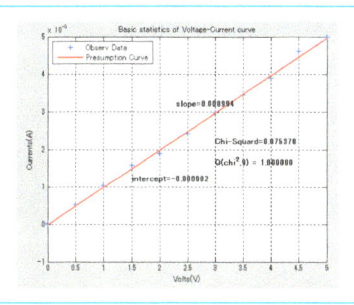

この結果から $Q=1$, $\chi^2=0.075378$ となり，かなりフィットしていることが確認できます．

この考え方を拡張して高次の多項式にすることは非常に簡単です．パラメータをフィッティングするモデルは式 (6.6) とします．

$$y = a_0 x^n + a_1 x^{n-1} + \cdots + a_n \tag{6.6}$$

式 (6.1) と同じように推定したい定数について式 (6.6) を偏微分します．

$$\begin{aligned}\frac{\partial Y}{\partial a_k} &= \sum_{i=1}^{N}\{y_i - a_0 x_i^n - a_1 x_i^{n-1} - \cdots - a_n\}(-x_i^{n-k}) \\ &= a_0 \sum_{i=1}^{N} x_i^{2n-k} + a_1 \sum_{i=1}^{N} x_i^{2n-k-1} + \cdots + a_n \sum_{i=1}^{N} x_i^{n-k} - \sum_{i=1}^{N} x_i^{n-k} y_i = 0\end{aligned} \tag{6.7}$$

式 (6.7) を展開して，行列表記すると

$$\begin{pmatrix} a_0 \\ a_1 \\ \vdots \\ a_n \end{pmatrix} = \begin{pmatrix} \sum_{i=1}^{N} x_i^{2n} & \sum_{i=1}^{N} x_i^{2n-1} & \cdots & \sum_{i=1}^{N} x_i^{n} \\ \sum_{i=1}^{N} x_i^{2n-1} & \sum_{i=1}^{N} x_i^{2n-2} & \cdots & \sum_{i=1}^{N} x_i^{n-1} \\ \vdots & \vdots & \ddots & \vdots \\ \sum_{i=1}^{N} x_i^{n} & \sum_{i=1}^{N} x_i^{n-1} & \cdots & \sum_{i=1}^{N} 1 \end{pmatrix}^{-1} \begin{pmatrix} \sum_{i=1}^{N} x_i^{n} y_i \\ \sum_{i=1}^{N} x_i^{n-1} y_i \\ \vdots \\ \sum_{i=1}^{N} y_i \end{pmatrix} \quad (6.8)$$

となります．この式 (6.8) は MATLAB では先の例で使用した `polyfit()` 関数で計算することができます．

6.2 制御対象のモデリング

そもそも実験データからモデリングしたいのは，そのモデルの詳細な性質を知りたいからです．ここでは，まず単純な 1 入出力系のモデルを考えます．この 1 入出力系のモデルは伝達関数と呼ばれるものです．このモデルから Symbolic Math Toolbox の `laplace()` 関数を用いて直接ラプラス（Laplace）変換することが可能です．伝達関数や Symbolic Math Toolbox については第 8 章，第 9 章を参照してください．

モデルが与えられたときにラプラス変換する方法について見ていきます．たとえば，$y = x'' + 3x' + 2x$ のラプラス変換を行うには，MATLAB のコマンドラインから

ラプラス変換
`>> x = sym('x(t)');`   % 時間関数 x の定義
`>> d2x = diff(x,t,2);`   % 関数 x を時間 t で 2 階微分
`>> dx = diff(x);`   % 関数 x を時間 t で微分
`>> y = d2x + 3*dx + 2*x;` % 与式の定義
`>> Ys = laplace(y)`   % 与式のラプラス変換
`s^2*laplace(x(t), t, s) - D(x)(0) - s*x(0) - 3*x(0) + 3*s*laplace(x(t), t, s) + 2*laplace(x(t), t, s)`

と入力することになります．この実行結果において各変数が表すものを表 6.2 に示します．

表 6.2 各処理結果の意味

処理結果	意味
`laplace(x(t),t,s)`	ラプラス変換された関数 $x := X(s)$
`x(0)`	関数 x の初期値
`D(x)(0)`	関数 x の微分した初期値 $x'(0)$

また，`sym()` 関数，`syms` コマンドはスカラシンボリックオブジェクトを生成するためのコマンドです．$y = x'' + 3x' + 2x$ のラプラス変換結果は

$$\mathcal{L}\{y\} = s^2 X(s) - x'(0) - sx(0) + s3X(s) - 3x(0) + 2X(s)$$

となります．ラプラス逆変換を求める場合は `ilaplace()` 関数を用いて以下のようにします．

コマンド	実行結果
`>> yt = ilaplace(Ys)`	`diff(x(t),$(t,2))+3*diff(x(t),t)+2*x(t)`

変換・逆変換関数には `ilaplace()` 関数，`fourier()` 関数，`ifourier()` 関数，`ztrans()` 関数，`iztrans()` 関数があります．また，そのほかにも数学関数があります．詳しくは help toolbox¥symbolic を参照してください．ただし，次に紹介する tf オブジェクトとは互換性がありませんので，直接のやり取りはできません．

6.3 伝達関数のパラメータ推定

あるシステムを制御する場合を考えてみます．このときそのシステムの内部構造を明確にモデル化することができれば，各種アルゴリズムを用いて制御することができます．しかし，実際には制御対象とするシステムのモデルを構築できることはまれなことだと思います．内部構造が複雑かあるいは不明な場合がほとんどです．

ただ，制御問題を考えた場合，完璧な数学モデルを構築する必要はありませんし，それは不可能です．ここでは，未知のシステムに概値の入力をしたときの簡単な制御問題を考えてみます．

MATLAB/Simulink による 1 次遅れ系伝達関数の推定

図 6.2 のような未知のシステムと図 6.3 のような測定結果を考えてみます．図 6.2 の図中，Unknown System に単位ステップを印加したとします．ここで，この

モデルの実行条件として，シミュレーション時間を 0.0 〜 5.0 とします．また，シミュレーション結果は MAT- ファイル Respons1.mat に保存します．保存する変数は配列 **res** とします．

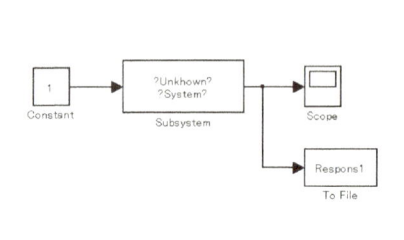

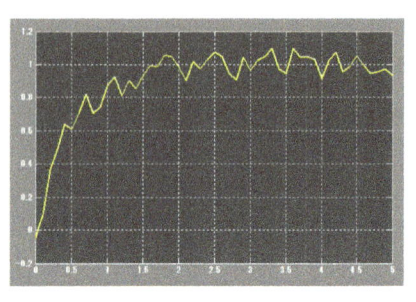

図 6.2　未知のシステム　　　図 6.3　未知のシステムの応答結果

図 6.3 の測定結果から，この未知なシステムは 1 次遅れ系システムとして

$$y = A(1-e^{-\tau t}) \tag{6.10}$$

で近似できそうです．応答結果から式 (6.10) 中の定数 A, τ を推定することができれば，何とか未知のシステムの伝達関数を求めることができそうです．ここで式 (6.10) の定数 A, τ を推定するため，式 (6.11) のような評価関数を考えます．

$$s = \sqrt{\{(観測値)-(モデルの値)\}^2} \tag{6.11}$$

式 (6.11) 中の観測値を測定結果の値，モデルの値を式 (6.10) としてこの評価関数の値が最小になれば測定結果の関数を得ることができます．MATLAB には最小値を計算する関数 **fminsearch()** 関数が用意されています．

ネルダー - ミード（Nelder-Mead）法によるパラメータ推定

この **fminsearch()** 関数はネルダー - ミード法を用いた多次元の非線形最小化を計算するものです．ネルダー - ミード法は滑降シンプレックス法（Downhill Simplex Method）とも呼ばれるものです．このアルゴリズムは指定された関数のみを用いて最小値を評価します．このとき，関数の導関数は使用しません．したがって，微分できない場合にも適用することができます．関数の評価回数は初期値のとり方によってはあまり効率的ではなく，実行速度は遅くなる場合があります．しかし，アルゴリズムはさほど複雑ではなく，「手軽に関数のパラメータ推

定を試みたい」という場合には採用してみる価値はあります．

`fminsearch()` 関数を用いたパラメータ推定を行うスクリプトを List 6-5 に示します．このスクリプトにおいては，List 6-4 のような評価関数 Test01.m を作成します．評価関数としては式 (6.11) に示したものを用います．評価関数に測定結果を引き渡すためにグローバル変数を用います．`fminsearch()` 関数からコールバックされる評価関数には仮のパラメータしか渡すことができません．そこで，観測データはグローバル変数を介して評価関数に値を引き渡します．パラメータ推定した結果は Parm.mat に保存します．

List 6-4　評価関数 Test01.m

```
 1: function E = Test01(a)
 2: %非線形なモデルのパラメータを推定するテスト関数
 3: %    この関数でのモデルは
 4: %        y = A*(1 - exp(-Tau*t))
 5: %    としている．
 6: %    DC モータ（1 次遅れ系）の伝達関数を求めるため，観測された
 7: %    出力波形のパラメータ（A,Tau）を推定して応答関数を推定する．
 8: %    推定するアルゴリズムとしては推定モデル
 9: %        y = A*(1 - exp(-Tau*t))
10: %    と観測データ ObDat の差の 2 乗を最小（極小値）とする評価関数
11: %        F = sum(sqrt((y-ObDat)^2))
12: %    からパラメータを推定する (Nelder-Mead 法)．
13: %    この推定問題は評価関数の極小値を求める問題とみなすことができる．
14: %    したがって，MATLAB の fminsearch 関数関数を使用してパラメータ推定
15: %    を行うことができる．
16: %    この関数はグローバル変数 t,ObDat を使用する．
17: %        t：観測時間ベクトル    ObDat：観測データ
18: %    また，引数 a は
19: %        a = [A0 Tau0] A0：ゲインの初期値，Tau0：時定数の逆数の初期値
20:     global t ObDat
21:     A = a(1);    Tau = a(2);
22:     y = A*(1-exp(-Tau*t));
23:     E = sum(sqrt((y-ObDat).^2));
```

```
List 6-5    パラメータ推定 ParmTest.m
 1: %ParmTest.m 観測ファイル Respons1.mat から1次遅れ系応答データ res から
 2: % 応答関数のパラメータ推定を行う.
 3: % このとき，関数M-ファイル Test01.m を使い，パラメータ推定を行う.
 4: %    使用上の注意点
 5: %       Workspace 上のデータは MAT- ファイル matlab.mat に退避する.
 6: %       また，パラメータ推定結果は MAT- ファイル Parm.mat に保存される.
 7: %       Parm の内容
 8: %          p：パラメータが格納されているベクトル    fval：p の関数値
 9: %          extf：終了状態                     resp：処理結果
10: %       fminsearch 関数を参照
11: save              %   Workspace の退避
12: clear all
13: global t ObDat
14: load Respons1     %   観測データの読み込み
15: t = res(1,:);    ObDat = res(2,:);
16: %    パラメータ推定
17: [p,fval,extf,resp] = fminsearch('Test01',[0 0]);
18: save Parm p fval extf resp     % パラメータ p,fval,extf,resp の保存
19: %    推定波形の計算
20: y = p(1)*(1-exp(-p(2)*t));
21: %    推定結果の表示
22: figure;    plot(t,ObDat,'b',t,y,'r');    grid
23: v = axis;
24: str=sprintf('y=%6.3f*(1-\\it{e}\\rm^{-%6.3f*\\it{t}})',p(1),p(2));
25: text(v(2)/3,v(4)/3,['\fontsize{15}' str]);
26: legend('観測波形 ',' 推定波形 ','Location','best')
27: xlabel('t (sec)');    title('Unkown System Respons')
28: clear all;  load              %   Workspace の復帰
```

パラメータ推定の初期値は，とりあえず [0 0] とします．計算結果は p(1) に変数 A, p(2) に変数 τ を格納しています．また，22 行目 fminsearch() 関数の戻り値の resp 構造体には使用したアルゴリズムや評価関数のコール回数などが格納されています．fminsearch() 関数の戻り値についてはヘルプを参照してくだ

さい.

List 6-4 の評価関数 `Test01()` においては，グローバル変数 `ObDat` に観測データが格納されていますので，この観測データと仮で計算されたパラメータから式 (6.10) で計算された値の差を計算します．この値が 0 になれば，パラメータは真ということになります．

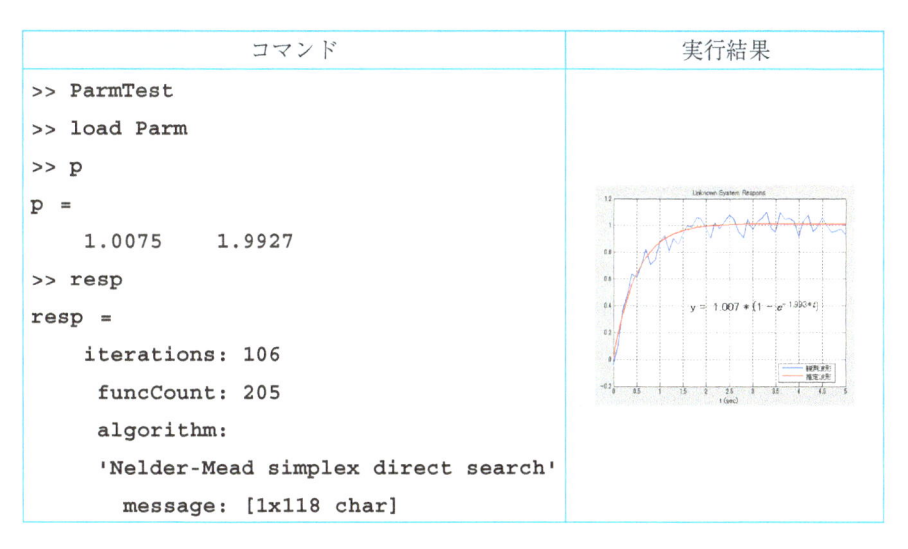

コマンド	実行結果

``
>> ParmTest
>> load Parm
>> p
p =
    1.0075   1.9927
>> resp
resp =
    iterations: 106
     funcCount: 205
     algorithm:
    'Nelder-Mead simplex direct search'
       message: [1x118 char]
``	

この実行結果から未知なシステムの応答は

$$y = 1 - e^{-2t} \quad \because 小数点以下 2 桁四捨五入 \tag{6.12}$$

となります．あとは，式 (6.12) をラプラス変換すればよいでしょう．この程度ならば手計算で行ってもよいのですが Symbolic Math Toolboxs がインストールされているなら，`laplace()` 関数を用いてラプラス変換ができます

```
List 6-6    伝達関数の推定 TestG.m
1: function G = TestG(a,tau,stp)
2: %1 次遅れ系伝達関数の計算 G = TestG(a,tau,stp)
3: %    実験データから推定した値 (a,tau) から 1 次遅れ系伝達関数を計算する.
4: %    1 次遅れ系の応答関数
5: %        y = a - a*exp(-tau*t)
6: %    から伝達関数 G = L{y} / L{x} を計算.
7: %    ここで，L{x} はシステムの入力関数 (ステップ入力) x = stp
```

```
 8: %       戻り値Gはシンボリックオブジェクト．
 9: %       注）この関数にはSymbolic Math Toolboxが必要
10:        syms s A Tau t;
11: %       データの変換（実数→シンボリックオブジェクト）
12: %       |    定数             |      時定数
13:        parmA = sprintf('%f',a);          parmTau = sprintf('%f',tau);
14:        A = sym(parmA);                    Tau = sym(parmTau);
15:        parmStp = sprintf( '%f' ,stp);
16:        InStp = sym(parmStp);
17:        H = laplace(A)-laplace(A*exp(-Tau*t));
18:        G = vpa (simple (H/(InStp/s)) ,2);   %値を小数点以下2桁で返す
```

図 6.2 から入力は単位ステップなので，この関数 M- ファイルにも単位ステップの 1 を指定します．その他の引数は先ほど計算した値とします．

コマンド	実行結果
`>> G = TestG(p(1),p(2),1)`	G = 2.0./(s+2.0)

これで，未知のシステムの伝達関数を推定することができました．確認のために，図 6.2 の Unknown System の内部を見てみると（図 6.4）確かに計算結果と同じになっているのが確認できます．

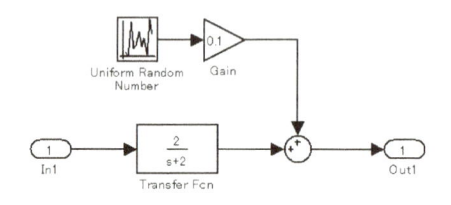

図 6.4 サブシステム Unknown System の内部ブロック

6.4 DC モータの伝達関数の推定

6.3 節で未知のサブシステムのパラメータ同定ができました．今度は同じよう

な考えでDCモータの印加電圧に対する角度および角速度の伝達関数を推定してみます．

実機のDCモータを使用したいところですが，ここでは再現性を考慮して，ある架空のDCモータを想定します．架空のDCモータの伝達関数

$$G_{M\_Ang} = \frac{B}{s^2 + As} \tag{6.13}$$

とします．この伝達関数 G_{M_Ang} に一定値 E を印加した応答 $y(t)$ を求めると

$$\begin{aligned}
Y(s) &= G_{M\_Ang} \cdot \frac{E}{s} \\
&= \frac{B}{s^2 + As} \cdot \frac{E}{s} \\
&= \frac{B}{A^2} E \frac{1}{s+A} - \frac{B}{A^2} E \frac{1}{s} + \frac{B}{A} \frac{1}{s^2}
\end{aligned} \tag{6.14}$$

$$\mathcal{L}^{-1}\{Y(s)\} = y(t) = \frac{B}{A} E \left(\frac{1}{A} e^{-At} + t - \frac{1}{A} \right) \tag{6.15}$$

式(6.15)に真のパラメータ $A=19.28$, $B=14.65$ および印加電圧 $E=12$ [V] を代入します．このパラメータ A, B に標準偏差0.2の正規分布に従う乱数が加わったとし，観測時間 0～2 [sec]，サンプリング間隔 20 [msec] で観測したとします．観測回数 N は10とします．この条件で仮想的な計測データ（回転数 [rad/sec]）を生成する関数M-ファイルをList 6-7に，実行結果を図6.5に示します．

```
List6-7    DmyMtr3.m
 1: function [Respons,SRespons] = DmyMtr3(N,t,Abase,Bbase,E)
 2: %DCモータの角度変位を統計処理するためのダミーデータ生成関数
 3: % M-ファイル（DmyMtr2.m）
 4: %    伝達関数 Gmtr = B/(s^2+As) を逆ラプラス変換した角度方程式
 5: %        y=B/A(exp(-At)/A+t-1/A)E
 6: %    で計算．ここで，A, Bはモータのパラメータ，Eは印加電圧とする．
 7: %書式：res = DmyMtr2(N,t,A,B,E)
 8: %  入力引数
 9: %   N：計測回数（デフォルト値 N = 10）
10: %   t：測時間（デフォルト値 t = (0:0.02:2)）
11: %   A,B：基準となるモータのパラメータ（デフォルト値 A = 19.28/B = 14.65）
12: %       観測データはこのパラメータを基準として，平均を代表値，
```

```
13:  %           標準偏差 0.2 の値をダミーのパラメータとして観測データを計算
14:  %     E：モータの印加電圧（デフォルト値 E = 12）
15:  %   出力引数
16:  %     Respons：計算された観測データ
17:  %     SRespons：平均化された観測データ
18:      STD = 0.2;              % データのばらつき（平均 0, 標準偏差 STD）
19:      Respons = zeros(length(t),N);    % 角度変位行列の初期化
20:      SRespons = zeros(length(t),1);   % 平均角度変位行列の初期化
21:      %   角度変位の計算
22:      for n = 1:N
23:          A = Abase + STD*randn;
24:          B = Bbase + STD*randn;
25:          Respons(:,n) = B/A*(exp(-A.*t)./A+t-1/A)*E;
26:      end
27:      %   角度変位のグラフ
28:      figure;
29:      subplot(2,1,1);   plot(t,Respons);     % ダミー観測データの描画
30:      grid on;    title('DC Motor angle characterical')
31:      xlabel('Time t(sec)');   ylabel('Angle θ (rad)');
32:      %   角度のアンサンブル平均
33:      SRespons = mean(Respons,2);        % アンサンブル平均計算
34:      subplot(2,1,2);   plot(t,SRespons);    % アンサンブル結果の描画
35:      grid on;        title('DC Motor ensemble mean')
36:      xlabel('Time t(sec)');
37:      ylabel('Angle θ (rad)');
```

仮想 DC モータの角度計測

```
>> t = (0:0.02:2)';%計測時間
>> N = 10;     E = 12;
>> A = 19.28;  B = 14.65;
>> [Res,SRes]=DmyMtr3(N,t,A,B,E);
```

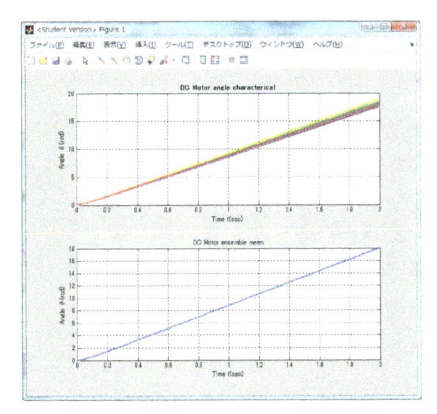

図 6.5 仮想 DC モータの角度特性

上記の関数 M- ファイルを実行後，List6-8，List6-9 に示すような関数 M- ファイルでパラメータ A，B の値を推定します．このパラメータ推定には **fminsearch()** 関数から評価関数を用います．

この **fminsearch()** 関数はコールバックとして関数 M- ファイル TestRtd02.m を呼び出します．関数 M- ファイル TestRtd02.m は 1 つしか引数に指定することができません．そこで，観測時間と観測値（代表値 = 平均値）はグローバル変数（**t, ObData**）として引き渡します．

```
List6-8    ParmRtdTest02.m
1:  function [p,fval,extf,resp] = ParmRtdTest02(varargin)
2:  %ParmRtdTest02.m 観測データの代表値から応答関数のパラメータ推定を行う.
3:  % ただし，引数省略時は観測ファイル SampleRtdData.mat からモータの
4:  % 観測データ res を読み込み応答関数のパラメータ推定を行う.
5:  % このとき，関数M- ファイル Test02.m を使い，パラメータ推定を行う.
6:  %   書式
7:  %       [p,fval,extf,resp] = ParmRtdTest02(varargin)
8:  %   入力引数
9:  %       varargin：省略時→観測ファイル SampleRtdData から観測値を読み込む
10: %                'ファイル名'→指定された観測ファイルから観測値を読み込む
11: %                res → [ 時間ベクトル ; 代表値ベクトル ]
12: %                時間ベクトル , 代表値ベクトル
```

```
13: %    使用上の注意点
14: %      パラメータ推定結果は MAT- ファイル ParmRtd.mat に保存される.
15: %        Parm の内容（出力引数）
16: %          p：パラメータが格納されているベクトル
17: %          fval：p の関数値        extf：終了状態
18: %          resp：処理結果
19: %      fminsearch 関数を参照
20:     if 0 == nargin
21:         load SampleRtdData
22:     elseif 1 == nargin
23:         if isa(varargin{1},'char') == true
24:             load(varargin{1})         %   観測データの読み込み
25:         elseif isa(varargin{1},'numeric') == true
26:             res = varargin{1};        %   ベクトル化したパラメータ
27:         end
28:     else
29:         res(1,:) = varargin{1};   %   時間ベクトル
30:         res(2,:) = varargin{2};   %   代表値ベクトル
31:     end
32:     global t ObDat
33:     t = res(1,:);    ObDat = res(2,:);
34:     %   パラメータ推定
35:     [p,fval,extf,resp] = fminsearch('TestRtd02',[1 1]);
36:     save ParmRtd p fval extf resp    %   パラメータの保存
37:     %   推定波形の計算
38:     A = p(1);    B = p(2);
39:     y = 12*B*(1/A.*t-2.*exp(-1/2*A.*t)/A^2.*sinh(1/2*A.*t));
40:     %   推定結果の表示
41:     figure;
42:     subplot(2,1,1); plot(t,ObDat,'b',t,y,'r','LineWidth',2); grid
43:     legend('観測波形','推定波形','Location','Best')
44:     xlabel('t (sec)');    title('Respons')
45:     %   誤差の表示 (ObDat-y)
46:     subplot(2,1,2); plot(t,ObDat-y,'LineWidth',2);grid
47:     xlabel('t (sec)');    title('Error(ObDat-y)');
```

6.4 DCモータの伝達関数の推定

List6-9　ParmRtdTest02.m

```
 1: function E = TestRtd02(p)
 2: % 非線形なモデルのパラメータを推定するテスト関数
 3: %    この関数でのモデルは
 4: %        y = a*(1/b*t-2*exp(-1/2*b*t)/b^2*sinh(1/2*b*t))
 5: %    としている.
 6: %    推定するアルゴリズムとしては推定モデル
 7: %        y = a*(1/b*t-2*exp(-1/2*b*t)/b^2*sinh(1/2*b*t))
 8: %    と観測データ ObDat の差の 2 乗の総和を最小（極小値）とする評価関数
 9: %        F = sum(sqrt((y-ObDat)^2))
10: %    からパラメータを推定する (Nelder-Mead 法 ).
11: %    この推定問題は評価関数の極小値を求める問題と見なすことができる.
12: %    MATLAB の fminsearch 関数関数を使用してパラメータ推定
13: %    を行うことができる.
14: %    この関数はグローバル変数 t,ObDat を使用する.
15: %        t：観測時間ベクトル        ObDat：観測データ
16: %    また，引数 a は
17: %        a = [A0 Tau0]    A0：ゲインの初期値
18: %                         Tau0：時定数の逆数の初期値
19:    global t ObDat
20:    A = p(1);    B = p(2);
21:    y = 12*B*(1/A.*t-2.*exp(-1/2*A.*t)/A^2.*sinh(1/2*A.*t));
22:    E = sum((ObDat-y).^2);
```

このスクリプトを実行しパラメータを推定した結果を下記に示します.

コマンド
`>> res = [t'; SRes'];`
`>> save SampleRtdData res`
`>> [p,func,extf,resp] = ParmRtdTest02(res)`
`>> resp.algorithm`
実行結果
`p =`
`   19.3341    14.8502`
`func =`

```
      (14.850*12/19.334)*(1/19.334*exp(-19.334*t)+t-1/19.334)
extf =
      1
resp =
    iterations: 66
     funcCount: 125
     algorithm: [1x33 char]
       message: [1x118 char]
```

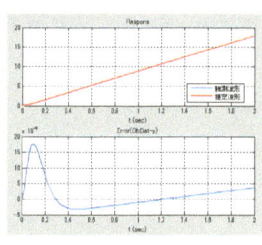

[グラフ: Response / t (sec)]

```
ans =
Nelder-Mead simplex direct search
```

このスクリプトから実験データとパラメータで計算した波形は少ない誤差 (10^{-5} のオーダー) であることが確認できます. ただし, 反復回数が 66 回, 評価関数の評価数が 125 回なので, 少々効率は低いものになります. 効率を向上させるためには, 推定パラメータの初期値をもっと考察する必要があるでしょう.

この数値実験のパラメータ推定結果は $A=19.3341$, $B=14.8502$ となり, このモータの応答関数は

$$y = \frac{14.8502}{19.3341} 12 \left(\frac{1}{19.3341} e^{-19.3341 t} + t - \frac{1}{19.3341} \right) \tag{6.16}$$

となります. 式 (6.16) をラプラス変換し, 整理すると

$$G_{M\_Arg} = \frac{14.8504}{s^2 + 19.3341 s} \tag{6.17}$$

になります. 推定パラメータの初期値問題はもっと考慮しなければなりませんが, このネルダー - ミード法を用いた **fminsearch()** 関数は, 手軽にモデルの検証を行うには向いているアルゴリズムと思われます.

第7章
Simulink 活用

Simulink は，MathWorks 社で作成されたソフトウェアです．ブロックを並べてそれぞれのブロックを結ぶことによって，簡単にシミュレーションができるのが特徴です．ここでは，Simulink の使用法について説明します．

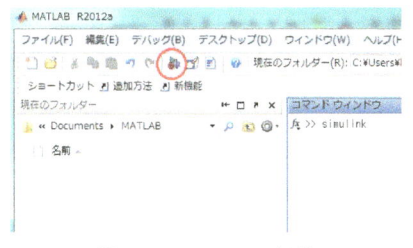

7.1 Simulink の起動

図 7.1 の○で囲ったボタンをクリックするか，コマンドウィンドウで Simulink と入力します．

そうすると，Simulink ライブラリブラウザーが開き（図 7.2），そこから「ファイル」→「新規作成」→「モデル」と選択すると新たに untitled のウインドウが開

図 7.1　Simulink の起動

きます（図 7.3）．このモデルウインドウにブロックを配置し，配線することでシミュレーションを行うことができます．

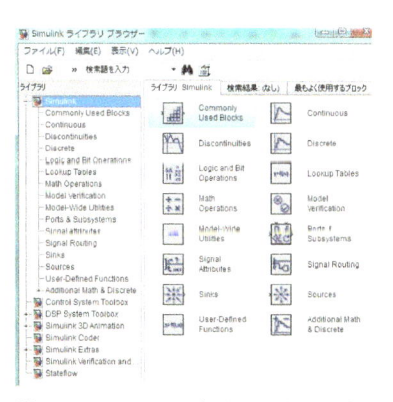

図 7.2　Simulink ライブラリブラウザー

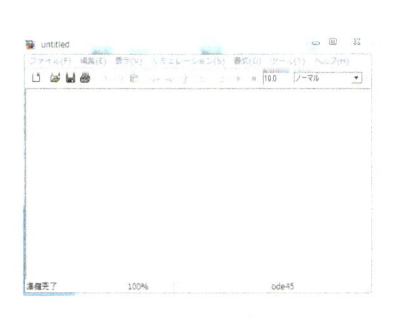

図 7.3　モデルウインドウ

7.2 ブロックの種類および検索

Simulink ライブラリに含まれるブロックの種類を表7.1 に示します．

表7.1　ブロックの種類

ブロック	概要
Commonly Used Blocks	利用頻度の高いブロック群
Continuous	連続時間で処理を実行
Discontinuities	不連続要素
Discrete	離散時間で処理を実行
Logic and Bit Operations	論理演算，ビット演算
Lookup Tables	ルックアップテーブル
Math Operations	数学演算，代数演算，複素数の扱い
Model Verification	信号の上下限などの検証
Model-Wide Utilities	モデル情報記述，線形化
Ports & Subsystems	入出力ポート，サブシステム，Model Reference
Signal Attributes	データタイプ変換，レート変換，初期状態，信号の調査
Signal Routing	信号の抽出・並び替え，切替
Sinks	信号の観測，ロギング
Sources	信号源
User-Defined Functions	ユーザー定義関数
Additional Math & Discrete	その他数学演算，離散系ブロック

名前によるブロックの検索を行います．たとえば，図7.4 に示すように Step と入力し 🔍 をクリックします．

図7.5 のように ▯ が検索されます．このブロックは Sources の中にあることがわかります．

図7.4　ブロックの検索

同様に Scope を検索してみます．

図 7.5　検索結果

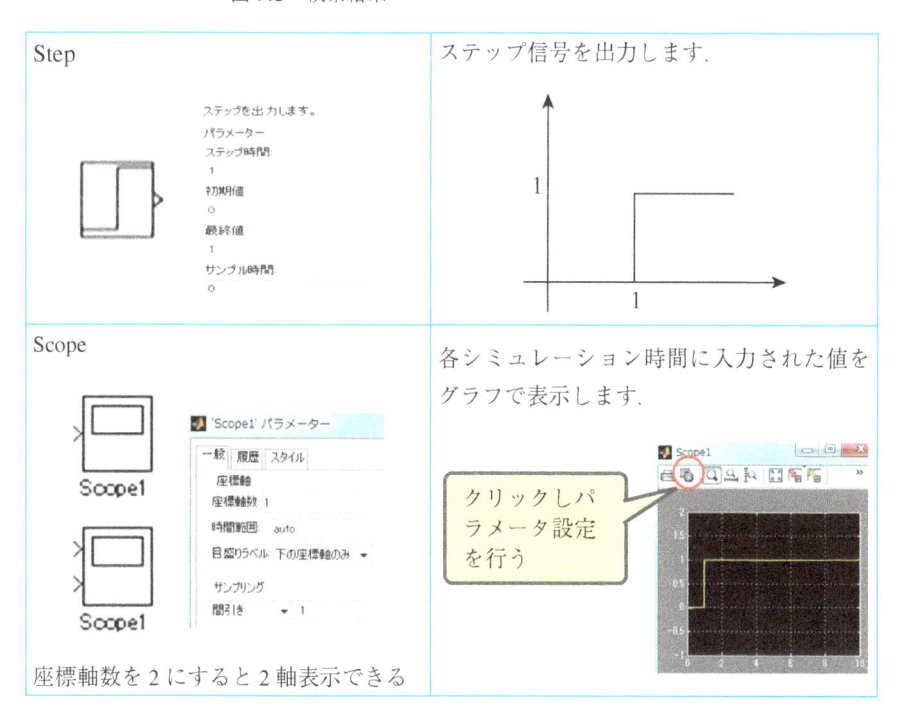

Step	ステップ信号を出力します．
(ブロック図：ステップを出力します。パラメーター ステップ時間 1 初期値 0 最終値 1 サンプル時間 0)	(グラフ：1 で立ち上がるステップ波形)
Scope	各シミュレーション時間に入力された値をグラフで表示します．
(Scope1 ブロック図および 'Scope1' パラメーター：座標軸，座標軸数 1，時間範囲 auto，目盛りラベル 下の座標軸のみ，サンプリング 間引き 1)	クリックしパラメータ設定を行う（Scope1 の波形表示画面）
座標軸数を 2 にすると 2 軸表示できる	

7.3　ブロックの配置・結線・シミュレーション実行

Simulink ライブラリブラウザーより，ほしいブロックを選択します．必要なブロックをモデルウインドウにドラック＆ドロップします（図 7.6）．

モデル内のブロック間を結線します（結線する始点のブロックの端子から終点のブロックの入力端子までをドラック＆ドロップします，図 7.7）．

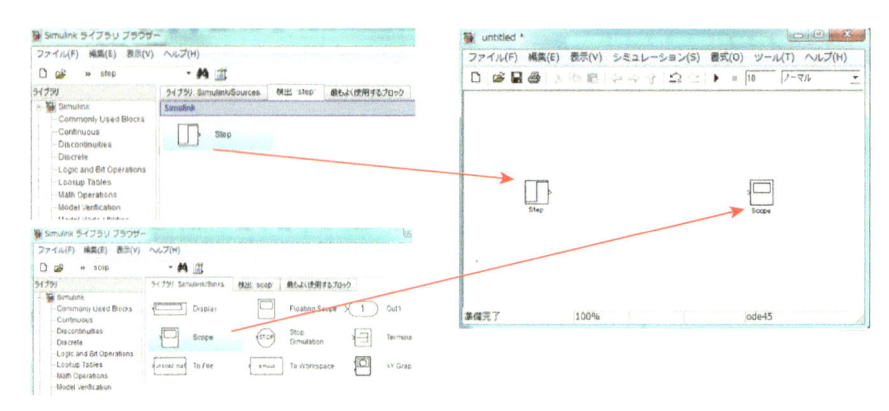

138 第 7 章 Simulink 活用

図 7.6 ブロックの配置

配線の途中からほかのブロックに結線するには結線開始の部分から終点のブロックの端子まで右クリックでドラック＆ドロップします．

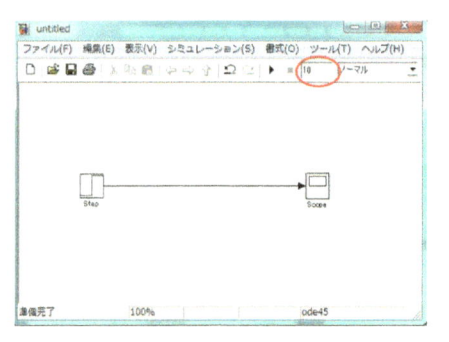

図 7.7 ブロックの結線

シミュレーション全体の設定は，メニューバーから「シミュレーション」→「コンフィギュレーションパラメーター」を選択することにより行うことができます（図 7.8）．シミュレーションの終了時間などいろいろな設定を行うことができます．（図 7.7 の○で囲った所でも終了時間の設定を変えることができます）．ここでは，デフォルト

図 7.8 コンフィギュレーションパラメーターの設定

7.3 ブロックの配置・結線・シミュレーション実行 　139

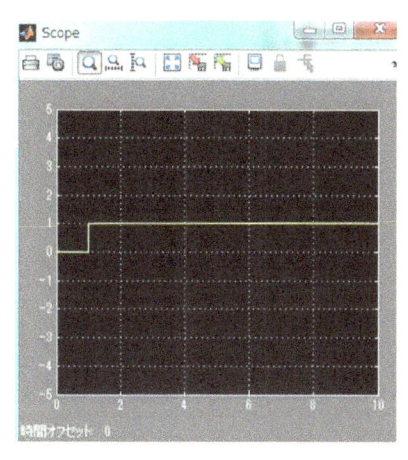

図7.9　シミュレーション結果

のままとします．

メニューバーから「シミュレーション」→「開始」を選択，または，▶ を押しシュミレーションを実行します．Scope をダブルクリックしてスコープを見てみます（図7.9）．また，ステップ関数をダブルクリックしてステップ時間，初期値，最終値の値を設定することができます．

では，図7.10に示す回路を作成しシミュレーションを行ってみましょう．

振幅2のSineWaveを基準に0をしきい値とし，0以上であれば入力1のConstant1の値1を出力し，それ以外であれば入力3のConstantの値 –1 を出力します．

使用ブロックはConstant（1と–1に設定），SineWave（振幅2，バイアス0，周波数1，位相0とする），Switch（しきい値0），Scope（座標軸数2）です（表7.2）．結果は，図7.11のようになります．

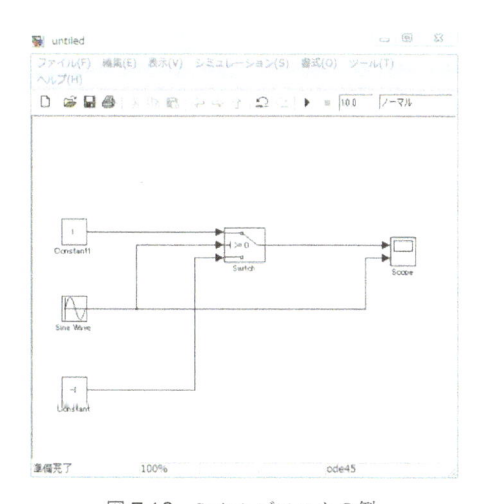

図7.10　Switchブロックの例

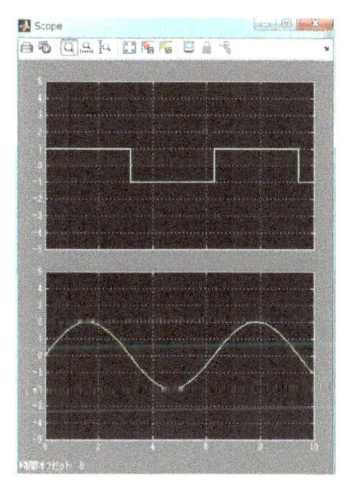

図7.11　シミュレーション結果

第 7 章 Simulink 活用

表 7.2 使用ブロックの説明

シンボル	設定	内容
Constant		「定数値」パラメーターで指定した定数を出力する.「定数値」がベクトルで「ベクトル パラメーターを 1 次元として解釈」がオンの場合, 定数値を 1 次元配列として扱う. そうでない場, 定数値と同じ次元で行列を出力する.
SineWave		正弦波を出力する :O(t) = 振幅 *Sin（周波数 *t+ 位相）+ バイアス
Switch		入力 2 が選択した基準を満たす場合は, 入力 1 を通過させ, それ以外の場合は入力 3 を通過させる. 入力には上から下（左から右）に番号がつけられる. 入力 1 が通過する条件は, 入力 2 がしきい値以上であるか, しきい値より大きい, または等しくない場合である. 最初と 3 番目の入力端子はデータ端子で 2 番目の入力は制御端子.

では, 図 7.12 に示す回路を描き, 2 つの SineWave の位相差 ϕ を 0, $\frac{1}{4}\pi$, $\frac{1}{2}\pi$, $\frac{3}{4}\pi$, π [rad] と変えて XYGraph で確認してみましょう.

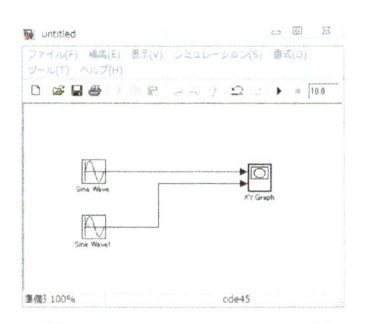

図7.12 XYGraph ブロックの例

位相差 ϕ[rad]	0	$\frac{1}{4}\pi$	$\frac{1}{2}\pi$	$\frac{3}{4}\pi$	π
リサージュ図形					

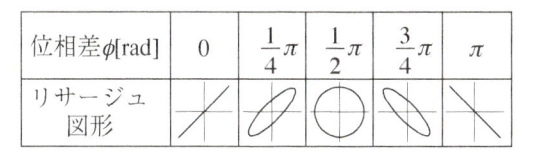

図7.13 SineWave の位相差の例（周波数 1:1）

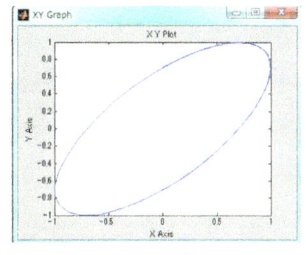

図7.14 実行結果（$\frac{1}{4}\pi$ [rad] の位相差時）

表7.3 ブロックの説明

シンボル	設定	内容
XYGraph	パラメーター x 最小値 -1 x 最大値 1 y 最小値 -1 y 最大値 1 サンプル時間 -1	各タイムステップで，1番目の入力 (X) に対して2番目の入力 (Y) をプロットし，X-Y プロットを作成する．最小 (X)，最大 (X)，最小 (Y)，最大 (Y) で指定された範囲外のデータは無視される．

　XYGraph のブロックの説明を表 7.3 に示します．各位相差のグラフを並べると図 7.13 のようになりますが，各シミュレーションは図 7.14（$\frac{1}{4}\pi$ [rad] の位相差のとき）のように設定して行います．

　周波数が異なる場合の例として，2つの波形の位相差 $\frac{1}{2}\pi$ [rad]，周波数比 5:6 の時の波形を XYGraph にて描いてみます．

　2つの Sine Wave を図 7.15，図 7.16 のように設定して，シミュレーションを行うと，図 7.18 の結果が得られます．図 7.17 に XYGraph の設定を示します．

図 7.15　Sine Wave の設定 　　　図 7.16　Sine Wave1 の設定

図 7.17　XYGraph の設定 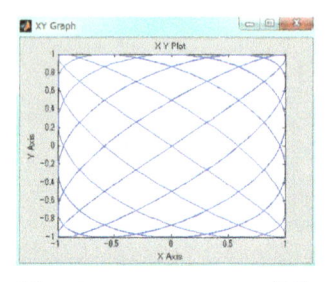　　　図 7.18　シミュレーション結果

7.4　ばね - ダッシュポット系

図 7.19 に示すようにばね - ダッシュポット系において，

$$\text{ばねの伸びる力} = K_s\{x(t) - y(t)\} \quad K_s : \text{ばね定数} \tag{7.1}$$

$$\text{ダッシュポットの抵抗力} = \mu\frac{dy(t)}{dt} \quad \mu : \text{粘性抵抗係数} \tag{7.2}$$

式 (7.1) と (7.2) がつり合うとすれば

$$\mu\frac{dy(t)}{dt} = K_s\{x(t) - y(t)\}$$

$$T\frac{dy(t)}{dt} + y(t) = x(t) \quad \text{ただし} \quad T = \frac{\mu}{K_s} \tag{7.3}$$

となります．ここで式 (7.3) を変形すると

$$\frac{dy(t)}{dt} = \frac{1}{T}\{x(t) - y(t)\}$$

となります．この方程式の両辺を積分すれば $y(t)$ を求めることができます．ここで，Simulink を用いて求めてみましょう（ただし，初期値はすべて 0 とする）．

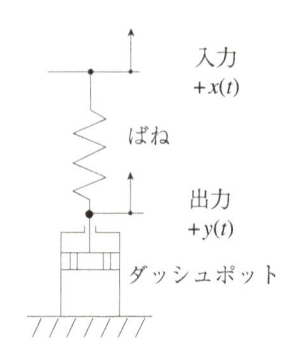

図 7.19　ばね - ダッシュポット系

7.4 ばね-ダッシュポット系

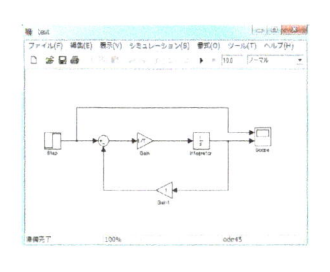

図7.20 ばね-ダッシュポット系のブロック図

図7.20のGainブロックをダブルクリックし，Gainブロックの設定ウィンドウ内のゲインに「1/T」を入力します．Stepブロックの最終値および，Gainの値は，コマンドライン上から設定します．各ブロックの説明を表7.4に示します．

表7.4 各ブロックの説明

シンボル	設定	内容
Gain		要素単位のゲイン，または行列ゲイン
Sum		入力を加算，または減算する．以下のいずれかを指定． a) 各入力端子に対して+または-，端子間の区切りに|を含む文字列（例 ++|-|++） b) 加算を行うための入力端子の数を指定する1以上のスカラー 1つの入力端子のみある場合，すべての次元，または1つの指定した次元の範囲の要素を加算または減算する．
Integrator		入力信号の連続時間積分

コマンド	実行結果
`>> T=1;` `>> X=5;`	

7.5 R-L-C 直列回路

R-L-C 直列回路に流れる電流を求めてみましょう．回路図を図 7.21 に示します．

図の回路方程式は，

$$E(t) = L\frac{di(t)}{dt} + Ri(t) + \frac{1}{C}\int i\,dt$$

となります．この式を

$$\frac{di}{dt} = \frac{1}{L}\left(E(t) - Ri - \frac{1}{C}\int i\,dt\right)$$

のように変形します．この方程式の両辺を積分すれば，電流波形を求めることができます．ここでは，Simulink を用いてこの方程式によるモデルから電流を求めます．

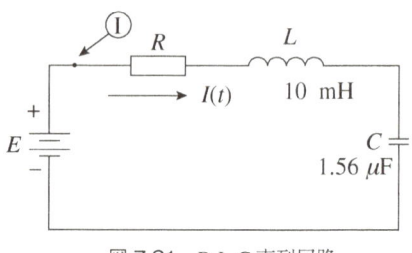

図 7.21　R-L-C 直列回路

図 7.22 に示すように R-L-C 直列回路モデルを作成します．ここでコイル成分の Gain ブロックをダブルクリックして「ゲイン」に「1/L」を入力し「OK」ボタンで設定を確定します．同じ要領で抵抗成分の Gain2 に「R」を，コンデンサ Gain1 に「1/C」を設定します．

7.5 R-L-C 直列回路

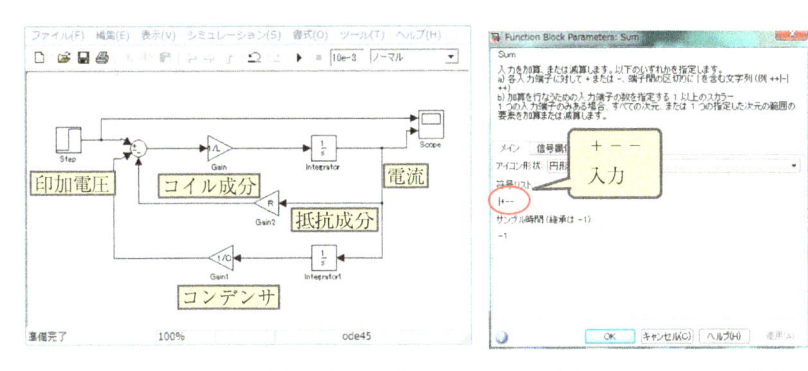

図 7.22 R-L-C 直列回路のブロック図

図 7.23 Sum ブロックの設定

図 7.24 step の設定

図 7.25 scope パラメーター

図 7.26 軸のプロパティ

　Scope をダブルクリックしさらに，パラメータアイコンをクリックします．「Scope パラメータ」の一般タブ内の座標軸数を 2 とします（図 7.25）．電流波形の Y 軸については，グラフ上にマウスポインタをもってきて，右クリック - 座標軸プロパティより Y 最小値および最大値を入力してください（図 7.26）．

　シミュレーション時間は 10 [msec] とします（図 7.22）

　パラメータは MATLAB コマンドライン上より設定します．

コマンド	実行結果

`>> E=5;`
`>> L=0.01;`
`>> C=1.56e-6;`
`>> R=[210:-50:10];`	

これより

(1) 過制動（振動しない）

　$R^2 > 4L/C$ のとき

(2) 臨界制動（振動するかしないかの限界）

　$R^2 = 4L/C$ のとき……$R=160\,[\Omega]$

(3) 不足制動

　$R^2 < 4L/C$ のとき

であることがわかります．

7.6　Simulinkブロックのカスタマイズ

　Simulinkで作成したモデルのブロック群を1つにまとめてカスタマイズして，自分用のライブラリとして登録しておくことができます（図7.27）．

カスタマイズしたい回路　　　　カスタマイズされたサブシステム

図7.27　カスタマイズしたい回路から自分用のライブラリへ

　ブロック内はSimulinkで提供されているブロックで構成されています．このサブ

システムを必要に応じてライブラリに登録します．以下でその手順を解説します．

サブシステムの作成

図 7.28 に示すように，グループ化したい部分をドラックして範囲を選択し，メニューバーから「ブロック線図」→「サブシステムとモデル参照」→「選択からサブシステムを作成」を選択します．すると，図 7.29 に示すようにサブシステムが作られます．

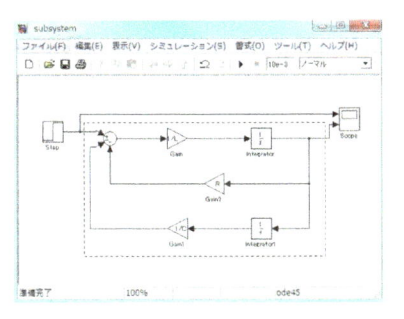

図 7.28 ブロックを自作で作成

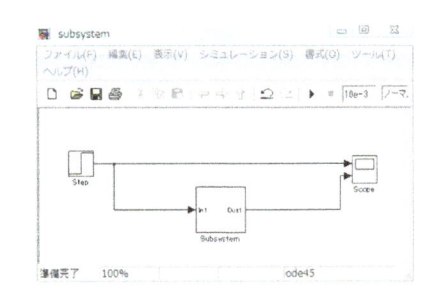

図 7.29 作られたサブシステム

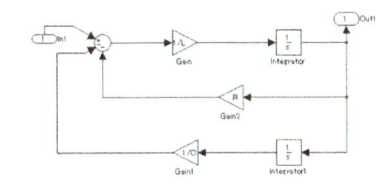

図 7.30 サブシステムブロックの中身

ブロック下部の名称部分にマウスカーソルを当て，クリックするとテキストが入力できる状態になるので，サブシステムの名称を入力します．

サブシステムブロックをダブルクリックすると図 7.30 のように新しい窓が開きます．サブシステムの Inport, Outport の概要は表 7.5 に示す通りです．

表 7.5 Inport, Outport の概要

ブロック名	内容
Inport	サブシステムまたは外部入力に対する入力端子を作成する．Inport は，システム外部からシステム内部へのリンク
Outport	サブシステムまたは外部出力のための出力端子を作成する．Outport は，システムからシステム外部へのリンク

7.7 MATLAB ワークスペースへの保存

ここでは，MATLAB と Simulink とのデータの受け渡しについて説明します．まず，図 7.31 の回路を描きます．次に，Scope をダブルクリックしプロパティより Scope のパラメーターを設定します（図 7.32）．

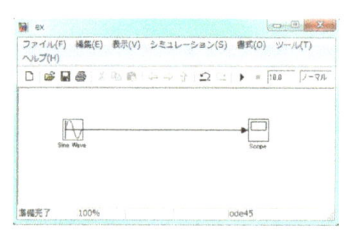

図 7.31 ワークスペースへの保存

図 7.32 Scope のプロパティ

タブの「履歴」を選び，「データをワークスペースに保存」のチェックボックスをオンにし，形式を「時間付き構造体」にします．この状態でシミュレーションを実行し MATLAB ワークスペースに存在する変数（ScopeData）を確認します．

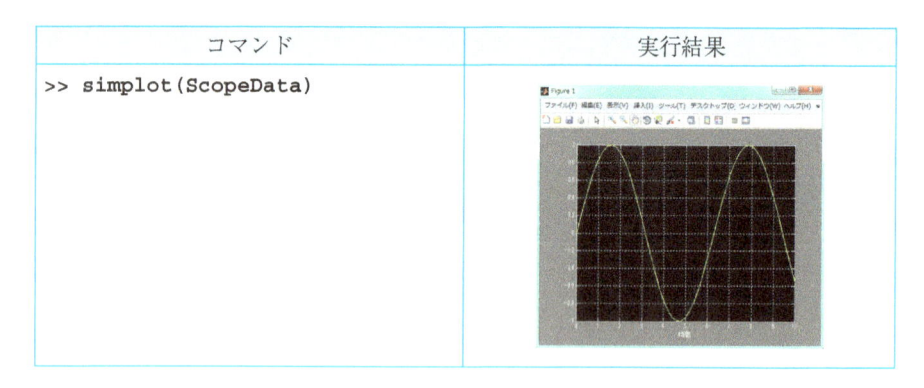

コマンド	実行結果
`>> simplot(ScopeData)`	

コマンドウィンドウからの入力を受け Simplot は，Simulink のデータ構造体出力をプロットします．

また，別の方法として，図 7.33 に示すように To Workspace を貼りつけ，SineWave と接続するという方法があります．To Workspace のブロックをダブルクリックしパ

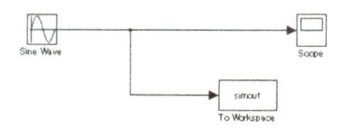

図 7.33 ToWorkspace による保存

ラメータの設定を行います．

「保存フォーマット」を「配列」にしておきます（図7.34）．設定が済んだらシミュレーションを実行し，MATLABのコマンドウィンドウで"simout"，"tout"というデータが生成されていることを確認してください．

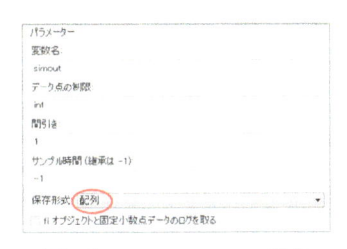

コマンドウィンドウで以下のように入力して実行します．

図 7.34 ToWorkspace の設定

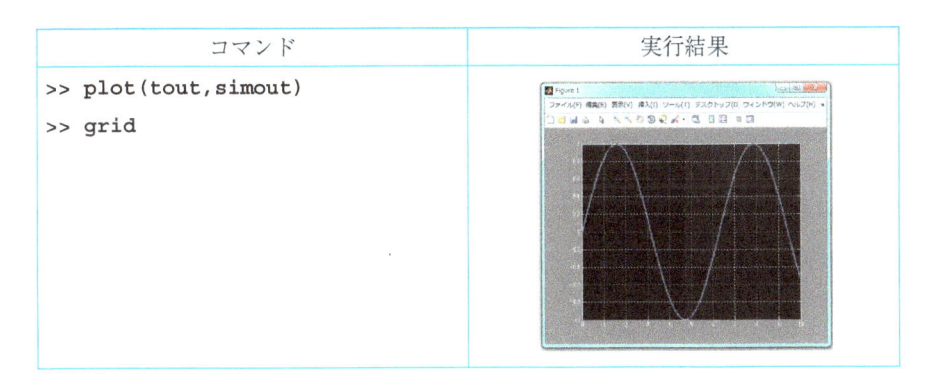

コマンド	実行結果
`>> plot(tout,simout)` `>> grid`	

7.8 ファイルにデータを書き込む

To Fileブロックを用いて求めたデータをファイルに保存してみましょう．まず図7.33に図7.35のようにTo Fileブロックを追加します．「保存形式」を「配列」とパラメータを設定して（図7.36），シミュレーションを実行してみましょう．

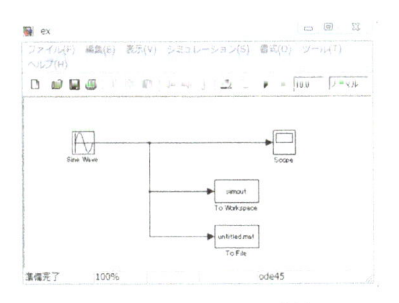

図 7.35 To File による保存 　　　図 7.36 To File ブロックの設定

現在のディレクトリの場所は`pwd`コマンドを使用して確認できます。

コマンド	実行結果
`>>pwd`	`C:¥Users¥`○○○○`¥Documents¥MATLAB`

カレントの作業フォルダの中に untitled.mat ファイルができていることを確認してください．ファイルをダブルクリックすると図 7.37 のようなウィンドウが表示されます．

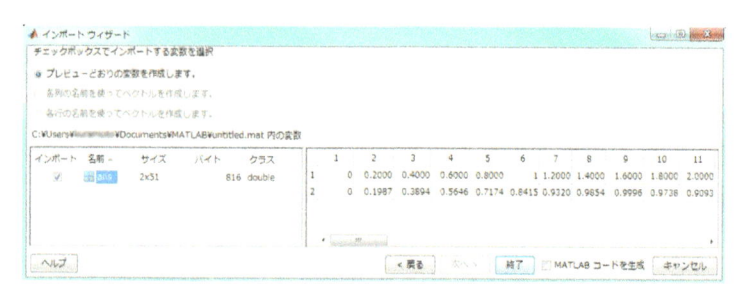

図 7.37 untitled.mat 内の変数

7.9 Simulink ソルバ

第 5 章で見たようにモデルの解法を計算するのにさまざまなソルバがあります．これは何もコマンドウィンドウ内の話ではありません．Simulink は MATLAB の 1 つの Toolbox です．したがって Simulink での計算は MATLAB の計算エンジンを使って行われています．ここでは，Simulink モデルでのソルバについて見ていきます．

Simulink モデルのソルバの違いを見るために，図 7.38 に示す簡単な振子モデルを考えてみます．このモデルは

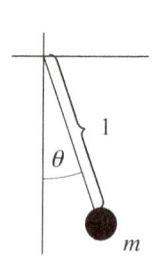

図 7.38 振子モデル

$$ml\theta'' + kl\theta' + mg\sin\theta = 0$$

になります．ただし，g は重力加速度，m はおもりの質量，l は糸の長さ，k は空気の粘性係数としています．また微小な振幅 $\theta \approx \sin\theta$ としています．このモデルの Simulink モデルを図 7.39 に示します．

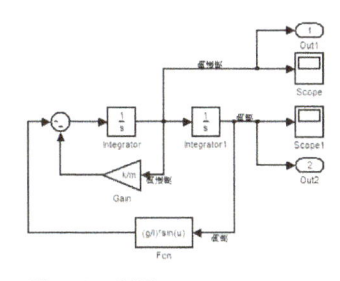

図 7.39　振子の Simulink モデル　　図 7.40　角度（integrator1）の初期条件設定

　このモデルは初期値（角速度と角度）を設定しなければ実行できません．角速度を計算しているのは図中の積分器（Integrator），角度は同じ図中の積分器（Integrator1）です．Integrator の初期値を設定するために Integrator をダブルクリックします．そうすると，図 7.40 に示すようにダイアログボックスが開かれます．このダイアログボックスの「初期条件」に初期値を入力します．

　シミュレーション条件としてはモデルパラメータ $g = 9.8$，$m = 1$，$l = 2$，$k = 0.2$ とし，初期条件として角速度 $\theta' = 0$，角度 $\theta = 1$，シミュレーション時間 [0 10] とします．ここでは，この Simulink モデルの動作確認のため，ソルバーオプションでタイプを可変ソルバ，ソルバを ode45 とします．

ソルバの違いによる実行結果

　Simulink でシミュレーションを行う場合，どのソルバを使うかによって，出力の精度が異なります．ここでは，ソルバの違いによるシミュレーション結果を見てみます．

　Simulink で使用できるソルバを表 7.5 に示します．ここでは固定ステップのソルバ（ode4，ode3，ode2）の違いによるシミュレーション結果の比較をしてみます．

　Simulink モデルで異なるソルバの実行結果を比較するためのスクリプトをList7-1 に示します．この中で，ソルバごとの実行結果を得るために **sim()** 関数を使用します．この **sim()** 関数で，ソルバの種類，計算精度，出力変数名の指定をしています．詳しいことはオンラインヘルプを参照してください．比較対象として **ode45()** 関数を高精度（絶対誤差 AbsTol = 1e-7, 相対誤差 RelTol =

表 7.6 Simulink ソルバ

タイプ	ソルバ	アルゴリズム
可変タイプ	ode45	Dormand-Prince
	ode23	Bogacki-Shampine
	ode113	Adms
	ode15s	Stiff/NDF
	ode23s	Stiff/Mod.Rosenbrock
	ode23t	mod.stiff/Trapezoidal
	ode23tb	Stiff/TR-BDF2
固定ステップ	ode8	Dormand-Prince
	ode5	Dormand-Prince
	ode4	Runge-Kutta
	ode3	Bogacki-Shampine
	ode2	Heun
	ode1	Euler
	ode14x	外挿

1e-5）で計算させます．これにより，ode45 の計算結果がほぼ真値に近い値を示します．

List7-1 は比較を行うスクリプト，List7-2 は ode45 で計算するための ode- ファイルを示します．各ソルバの詳細は第 5 章を参照してください．List7-1 を実行する前に，コンフィギュレーションパラメータの「データのインポート/エクスポー

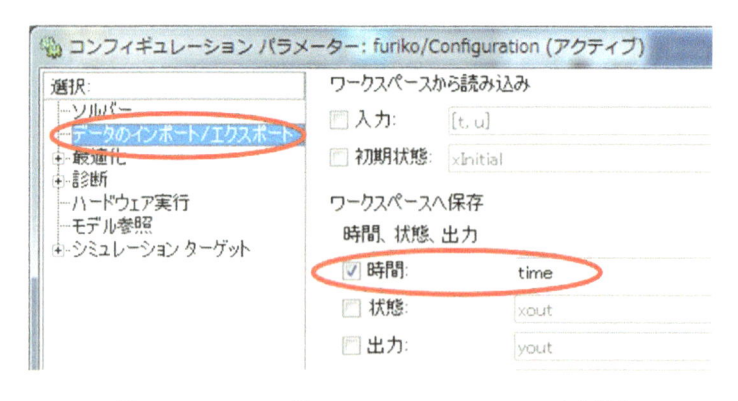

図 7.41　コンフィギュレーションパラメータの出力設定

ト」ペインで「ワークスペースへの保存」グループ内の「時間」にチェックをつけ，テキストボックスに「time」とします（図7.41）．設定が終わったら図7.39のモデルをChk_mdl.mdlとして保存します．

List 7-1　FurikoSlvCheck.m

```
 1: %FurikoSlvCheck.m Simulink モデルのソルバの違いによる計算結果の
 2: % 比較を行うスクリプト
 3: %     対象とするモデル：振子モデル
 4: %         ソルバ
 5: %         固定ステップ  ode4,ode3,ode2
 6: %         シミュレーション時間
 7: %         Simulink のデフォルトの [0 10] とする
 8:
 9: % シミュレーションパラメータの設定
10: g = 9.8;    l = 2;
11: m = 1;      k = 0.2;
12: chk_mdl = 'furiko'; % モデル名
13: %Simulink モデルでのシミュレーション
14: out3 = sim(chk_mdl,'Solver','ode3',...
15:                    'RelTol','1e-3','AbsTol','1e-6',...
16:                    'SaveOutput','on','OutputSaveName','yout');
17: out2 = sim(chk_mdl,'Solver','ode2',...
18:                    'RelTol','1e-3','AbsTol','1e-6',...
19:                    'SaveOutput','on','OutputSaveName','yout');
20: out4 = sim(chk_mdl,'Solver','ode4',...
21:                    'RelTol','1e-3','AbsTol','1e-6',...
22:                    'SaveOutput','on','OutputSaveName','yout');
23: t4 = out4.get('time');   y4 = out4.find('yout');
24: t3 = out3.get('time');   y3 = out3.find('yout');
25: t2 = out2.get('time');   y2 = out2.find('yout');
26: % 高精度でのシミュレーション
27: relTl = 1e-5;   absTl = 1e-7;
28: ops = odeset('RelTol',relTl,'AbsTol',absTl);
29: [trk,yrk] = ode45('mfuriko',[0 10],[1;0],ops,m,l,k);
30: % 計算結果の表示
```

```
31: figure;
32: grid on,      hold on
33: plot(trk,yrk(:,1),'k-');
34: plot(t4,y4(:,2),'--',t3,y3(:,2),'-.',t2,y2(:,2),':');
35: xlabel('t');     ylabel('Angle');
36: legend('Command ode45','Simulink ode4',...
37:        'Simulink ode3','Simulink ode2')
```

List 7-2　mfuriko.m

```
 1: function    dy = mfuriko(t, y, flag, m, l,k)
 2: %  振り子の振動関数 furiko.m
 3: %  y(1) = θ
 4: %  y(2) =d θ /dt
 5: %  重力加速度 g＝9.8m/s^2
 6: %    m：錘の質量
 7: %    l：ロッドの長さ
 8: %    k：粘性減衰
 9: %
10: g=9.8;
11: dy = [y(2) ;
12:       -1 / (m*l) .* (k .* l .* y(2) + m .* g.*sin(y(1)))];
```

図 7.42　シミュレーション結果の全体　　　　　図 7.43　部分拡大

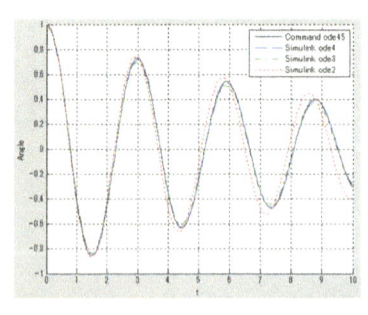

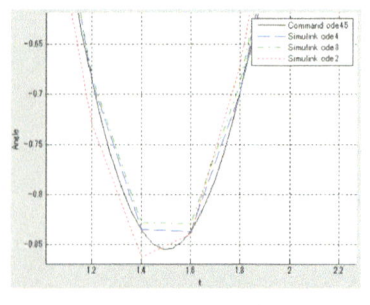

図 7.42 にはシミュレーション時間 [0 10] の出力結果全体を示します．また，

図 7.43 には誤差を確認するために，出力結果の一部を拡大しています．この結果から，ホイン法が最も計算精度が悪いことが確認できます．もともとホイン法はオイラー法を拡張したものなので，さほどの精度は得られません．アルゴリズムとしては第 5 章の式 (5.11) のように 2 階の微分項を計算するだけなので，実行速度は高いです．それに比べ，4 次のルンゲ - クッタ法は 4 階の微分項を計算しています．このため非常に計算精度はよいのですが，計算速度は遅くなります．

第8章

制御系への適用

実際の MATLAB 活用例として制御系設計の分野があります．この章においては，実務でも使用できるように制御理論（古典制御）に的を絞って説明します．理論の慣例に従い，本章では虚数単位として i ではなく j を用います．複素数の表記はここまで $a+bi$ としていましたが，ここでは $a+jb$ とします．

古典制御論（classical control theory）は，伝達関数と呼ばれる線形の入出力システムとして表された制御対象を中心に，周波数応答などを評価して望みの挙動を達成する制御理論です．1950 年代に体系化され，その中でも代表的な PID 制御は，現在でも産業においては主力となっています．

8.1　要素の種類およびその表現方法

自動制御系には，いろいろな動作をする要素が含まれています．その基本的な動作をする要素を微分方程式および伝達関数によって表現します（図 8.1）．本章ではこの方法について述べます．

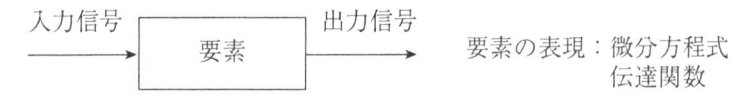

図 8.1　要素と入出力信号の関係

8.2　伝達関数

要素の表現を説明する前にラプラス変換および伝達関数について説明します．ラプラス変換は制御系の時間的変動（過渡現象）を知るために有用なツールとなります．

定義 s を複素数とするとき積分

$$F(s) = \int_0^\infty e^{-st} f(t) dt \qquad (s = \alpha + j\beta) \tag{8.1}$$

で定義される関数を $F(s)$ を $f(t)$ のラプラス変換といいます．

この対応を $F(s) = \mathcal{L}(f, s) = \mathcal{L}(f)$ などで表します．また，$f(t)$ を原関数，$F(s)$ を像関数といいます．$f(t)$ のラプラス変換とは，$f(t)$ に e^{-st} をかけ，この値に t について 0 から ∞ まで積分したものであり，その結果は s の関数となります．したがってこれを大文字の F を用いて $F(s)$ と表現します．ただし，実際の制御では，積分して求めるのではなく，表8.1 に示すようなラプラス変換表を用いて $F(s)$ を求めることが多いです．

表 8.1 主なラプラス変換公式

$f(t)$	$F(s)$	$f(t)$	$F(s)$
$\delta(t)$	1	$\dfrac{1}{(n-1)!} t^{n-1}$	$\dfrac{1}{s^n}$
$u(t)=1$	$\dfrac{1}{s}$	$te^{-\alpha t}$	$\dfrac{1}{(s+\alpha)^2}$
$e^{-\alpha t}$	$\dfrac{1}{s+\alpha}$	$\dfrac{d}{dt} f(t)$	$sF(s) - f(0)$
$\sin\beta t$	$\dfrac{1}{s^2 + \beta^2}$	$\int_0^t f(t) dt$	$\dfrac{1}{s} F(s)$
$\cos\beta t$	$\dfrac{s}{s^2 + \beta^2}$		
t	$\dfrac{1}{s^2}$		

伝達関数とは

時間 t の実関数で表される入力と出力とをラプラス変換と呼ばれる数学的な手法で複素関数に変換すると，要素の特性，すなわち信号処理は，

$$G(s) = \frac{\text{出力のラプラス変数}}{\text{入力のラプラス変数}}$$

で定義され，複素関数 $G(s)$ で表現することができます．ただし，入力も出力も $t=0$ のすべての初期値は 0 でなければなりません．このように定義された $G(s)$

を伝達関数といいます．すなわち，伝達関数とは，すべての初期値を0としたときのラプラス変換された出力信号と入力信号との比ということになります．

入力 $X(s)$，出力 $Y(s)$，伝達関数を $G(s)$ とすると（図8.2），

図 8.2　伝達関数

$$\frac{Y(s)}{X(s)} = G(s)$$
$$\therefore \quad Y(s) = G(s) \cdot X(s)$$

となります．出力 $Y(s)$ は，入力 $X(s)$ を $G(s)$ 倍すれば求められることがわかります．

8.3　ラプラス変換と常微分方程式の解法

表8.1のラプラス変換表を用いると，微分方程式が代数方程式に変換されます．表8.1を微分方程式に適用するには式の変形が必要です．ここではSymbolicMathToolboxを活用します．これは，古典制御の伝達関数に活用できます．

マス-ばね系の台車の運動を解析します．図8.3にばねとダンパーにつながれた台車を示します．この運動方程式は

$$m\frac{d^2x}{dt} + c\frac{dx}{dt} + Kx = f(t) \tag{8.2}$$

になります．ここで，m は台車の質量，c はダンパー係数および K はばね係数とします．この台車に 1 [N] の力を作用させたとします．

SymbolicMathToolbox には積分変換としてラプラス変換，フーリエ変換および z 変換を計算する関数が実装されています．今回はラプラス変換を施します．変換関数としては `laplace()` 関数，逆変換としては `ilaplace()` 関数があります．式(8.2)のように各係数はシンボリックオブジェクトを生成

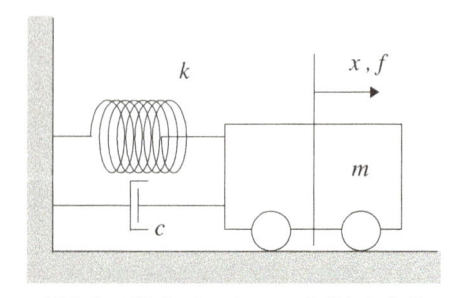

図 8.3　ばねとダンパーにつながれた台車

し式を構築します．あるいは，文字列として式を構築します．この関数の戻り値は変換されたシンボリックオブジェクトによる式です．詳細はオンラインヘルプを参照してください．

シンボリックオブジェクトを生成する方法として **sym** コマンド，**syms** コマンドがあります．**sym** コマンドは基本的に1つのシンボリックオブジェクト変数や式を生成するものです．それに対し，**syms** コマンドは複数のシンボリックオブジェクト変数を生成します．また，初等数学関数の多くはシンボリックオブジェクト対応にオーバーロード（多重定義）されています．たとえば，$\sin(\omega t)$ の時間 t による2階の導関数を求める場合

コマンド	計算結果

`>>syms w t`
`>>f=sin(w*t)`
 	
`>>df=diff(f,2)`
	`f =`
	`sin(t*w)`
	
	`df =`
	`-t^2*sin(t*w)`

となります．また，独立変数 t に対する関数 $x(t)$ の t についての1階の導関数のラプラス変換および逆変換を求めると

コマンド	計算結果

`>>x=sym('x(t)')`
 	
`>>X=laplace(diff(x))`
 	
`>>ix=ilaplace(X)`
	`x =`
	`x(t)`
	`X =`
	`s*laplace(x(t),t,s)-x(0)`
	`ix =`
	`x(0)-x(0)*dirac(t)+diff(x(t),t)`

となります．ここで `laplace(x(t),t,s)` は関数 $x(t)$ のラプラス変換，`x(0)` は初期値を表しています．また，`dirac(t)` はディラック（Dirac）の δ 関数を表しています．

下記に式 (8.2) の解を求めるコマンドを示します．ここでは解を求めた後，具体的な値を代入し解曲線を計算（**subs()** 関数を利用）します．また **ilaplace()** 関数で厳密解を計算すると，初期値も計算され，式としては複雑

になります．そこで`simplify()`関数を用いて式の簡略化を行います．

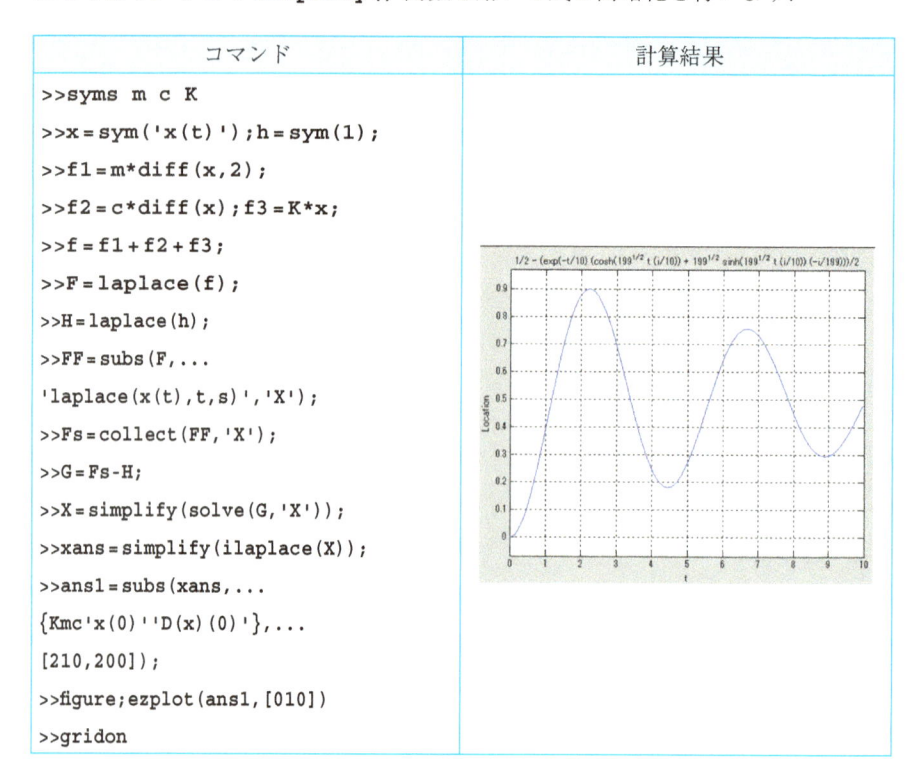

コマンド	計算結果

`>>syms m c K`
`>>x=sym('x(t)');h=sym(1);`
`>>f1=m*diff(x,2);`
`>>f2=c*diff(x);f3=K*x;`
`>>f=f1+f2+f3;`
`>>F=laplace(f);`
`>>H=laplace(h);`
`>>FF=subs(F,...`
`'laplace(x(t),t,s)','X');`
`>>Fs=collect(FF,'X');`
`>>G=Fs-H;`
`>>X=simplify(solve(G,'X'));`
`>>xans=simplify(ilaplace(X));`
`>>ans1=subs(xans,...`
`{Kmc'x(0)''D(x)(0)'},...`
`[210,200]);`
`>>figure;ezplot(ans1,[010])`
`>>gridon`
	(グラフ)

8.4 要素の表現

基本的な動作をする代表的な要素を 5 つに分類して以下に説明します．

(a) 比例要素
(b) 積分要素
(c) 微分要素
(d) 1 次遅れ要素
(e) 2 次遅れ要素

(a)-1 比例要素（微分方程式による）

入力と出力が常に一定の比例関係にあるもので入力 $x(t)$，出力 $y(t)$，比例定数を k とすると，

$$y(t) = kx(t)$$

で与えられます．このような制御動作を比例動作（Proportional action）または，その頭文字を取ってP動作ともいい，このような要素を比例要素，定数 k をゲイン定数といいます．

オームの法則より，

$$e = Ri$$

$i=$ 入力，$R=$ 比例感度，$e=$ 出力とすれば，抵抗 R の電気回路は，比例要素になります．

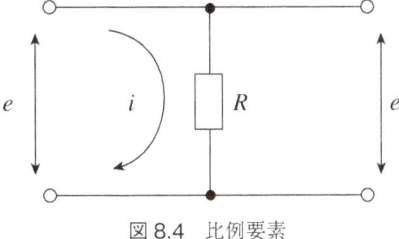

図 8.4　比例要素

(a)-2　比例要素（伝達関数による）

入力信号 $x(t)$ と出力信号 $y(t)$ との関係が

$$y(t) = kx(t)$$

によって与えられる要素の伝達関数 $G(s)$ は，ラプラス変換すると

$$Y(s) = kX(s)$$

$$G(s) = \frac{Y(s)}{X(s)} = k$$

となります．

(b)-1　積分要素（微分方程式による）

出力が入力の時間積分に比例するもので，入力を $x(t)$，出力を $y(t)$，比例定数を k とすると

$$y = k \int x dt$$

で与えられるような制御動作を積分動作（Integral action）または，その頭文字を取ってI動作ともいい，その要素を積分要素といいます．

図 8.5 において，容量中に蓄えられる電気量 Q は，

$$Q = \int i dt$$

で与えられます．このときの端子電圧 e は

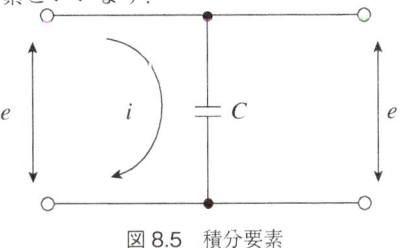

図 8.5　積分要素

$$E = \frac{Q}{C}$$

$$e = \frac{1}{C}\int i\,dt$$

となります．$i=$ 入力，$e=$ 出力とすれば，電気容量 C の回路は積分要素になります．

(b)-2　積分要素（伝達関数による）

$$y(t) = k\int x(t)\,dt$$

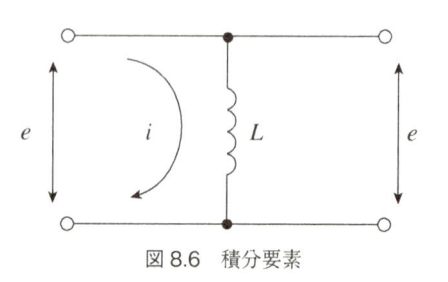

によって与えられる要素の伝達関数 $G(s)$ は，ラプラス変換すると

$$Y(s) = k\frac{X(s)}{s}$$

$$G(s) = \frac{Y(s)}{X(s)} = \frac{k}{s}$$

となります．

(c)-1　微分要素（微分方程式による）

　出力が入力の時間変化に比例するもので，入力を $x(t)$，出力を $y(t)$，比例定数を k とすれば，

$$y = k\frac{dx}{dt}$$

で与えられる制御動作を微分動作 (Derivative action) または，その頭文字をとって D 動作といい，その要素を微分要素といいます．

　図 8.6 において

$$e = L\frac{di}{dt} \qquad i=\text{入力，}e=\text{出力}$$

とすれば，自己誘導 L のある電気回路は微分要素になります．

(c)-2　微分要素（伝達関数による）

$$y = k\frac{dx}{dt}$$

図 8.6　積分要素

によって与えられる要素の伝達関数 $G(s)$ は，ラプラス変換すると

$$Y(s) = ksX(s)$$

$$G(s) = \frac{Y(s)}{X(s)} = ks$$

となります．

(d)-1　1次遅れの比例要素（微分方程式による）

入力信号が $x(t)$ と出力信号 $y(t)$ との関係が

$$T\frac{dy(t)}{dt} + by(t) = ax(t) \quad (a, b, T: 定数)$$

によって与えられる要素を1次遅れの比例要素といいます．

図 8.7 の CR 回路において，入力電圧 $x(t)$，出力電圧を $y(t)$ とすると

$$x(t) - y(t) = Ri(t)$$

$$i(t) = C\frac{dy(t)}{dt}$$

両式より，電流 $i(t)$ を消去すると

$$x(t) - y(t) = CR\frac{dy(t)}{dt}$$

$$T\frac{dy(t)}{dt} + y(t) = x(t) \quad (T = CR)$$

となります．

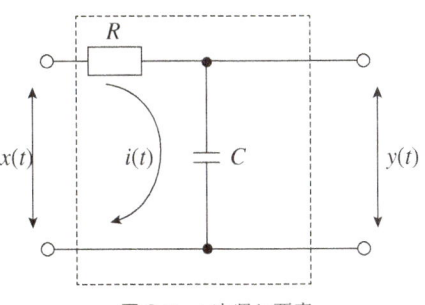

図 8.7　1次遅れ要素

(d)-2　1次遅れの比例要素（伝達関数による）

$$T\frac{dy(t)}{dt} + by(t) = ax(t)$$

によって与えられる要素の伝達関数 $G(s)$ は，ラプラス変換すると

$$TsY(s) + bY(s) = aX(s)$$

$a = 1$，$b = 1$ とすると

$$G(s) = \frac{Y(s)}{X(s)} = \frac{1}{1 + Ts}$$

となります.

(e)-1　2次遅れ要素（微分方程式による）

入力信号が $x(t)$ と出力信号 $y(t)$ との関係が

$$a\frac{d^2y(t)}{dt^2} + b\frac{dy(t)}{dt} + cy(t) = kx(t) \quad (a, b, c, k：定数)$$

によって与えられる要素を2次遅れ要素といいます.

$$i_2 = C_2\frac{dy(t)}{dt} \quad (8.3)$$

$$\frac{1}{C_1}\int i_1 dt = R_2 i_2 + y(t) \quad (8.4)$$

$$x(t) - y(t) = R_1(i_1 + i_2) + R_2 i_2 \quad (8.5)$$

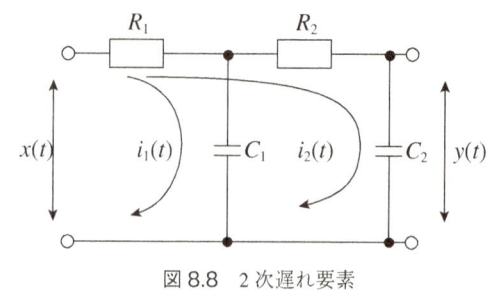

図8.8　2次遅れ要素

式(8.3)の両辺を微分すると

$$\frac{di_2}{dt} = C_2\frac{d^2y(t)}{dt^2}$$

同様に式(8.4)の両辺を微分すると

$$\frac{1}{C_1}i_1 = R_2\frac{di_2}{dt} + \frac{dy(t)}{dt}$$

$$\therefore \quad i_1 = C_1 R_2 \frac{di_2}{dt} + C_1 \frac{dy(t)}{dt}$$

$$= C_1 R_2 C_2 \frac{d^2y(t)}{dt^2} + C_1\frac{dy(t)}{dt} \quad (8.6)$$

となります.

式(8.5)に式(8.3), (8.6)を代入し整理すると

$$a\frac{d^2y(t)}{dt^2} + b\frac{dy(t)}{dt} + cy(t) = x(t) \quad (ただし a = C_1 R_1 C_2 R_2 \quad b = C_1 R_1 + C_2 R_2 + C_2 R_1)$$

となり2次遅れ要素になります.

(e)-2　2次遅れ要素（伝達関数による）

$$a\frac{d^2y(t)}{dt^2} + b\frac{dy(t)}{dt} + cy(t) = kx(t)$$

によって与えられる要素の伝達関数 $G(s)$ は，ラプラス変換すると，

$$as^2Y(s) + bsY(s) + cY(s) = kX(s)$$

$$G(s) = \frac{Y(s)}{X(s)} = \frac{k}{as^2 + bs + c}$$

となります．

8.5 多項式タイプによる伝達関数の表現

たとえば，伝達関数 $G(s) = \dfrac{s+1}{s^2+2s+3}$ を MATLAB で定義するには，分子 (numerator)，分母 (denominator) のそれぞれを多項式として入力します．多項式は次数の高い順に並べた行ベクトルとして表現します．

$$\frac{B(s)}{A(s)} = \frac{\text{num}}{\text{den}} = \frac{b_0 s^n + b_1 s^{n-1} + \cdots + b_n}{a_0 s^m + a_1 s^{m-1} + \cdots + a_m}$$

なる関数を考えます．行ベクトル num と den により伝達関数の分子多項式と分母多項式の係数を与えます．一般には

$$\text{num} = [b_0 \quad b_1 \cdots b_n]$$

$$\text{den} = [a_0 \quad a_1 \cdots a_m]$$

で，この例の場合図 8.9 のように [1 1] と [1 2 3] となります．

コマンド	実行結果

`>> num = [1 1];      % 分子`
`>> den = [1 2 3];    % 分母`
`>> printsys(num,den,'s')`
	`num/den =`
	`s + 1`
	`-------------------`
	`s^2 + 2s + 3`

$$G(s) = \frac{①s + ①}{①s^2 + ②s + ③} \longrightarrow \begin{array}{l}\text{分子のベクトル}[1\ 1] \\ \text{分母のベクトル}[1\ 2\ 3]\end{array}$$

図 8.9　係数を並べて表現

8.6 伝達要素の結合およびブロック線図の等価変換

制御系において，伝達要素が信号の伝わり方に応じていろいろに接続されながら，そのブロックが組み立てられていきます．その基本は

(a) 直列結合

(b) 並列結合

(c) フィードバック結合

の3つの結合法になります．それらに対応するMATLABコマンドを紹介します．2つの要素 $H_1 = \dfrac{2}{s^2+s}$ ，$H_2 = \dfrac{5}{s+2}$ について3つの結合法について考えてみます．

各関数の解説を表8.2に示します．

表 8.2 使用している関数の書式と機能

書式	機能
`sys = tf(NUM,DEN)`	伝達関数の作成または伝達関数への変換を行う．`sys = tf(NUM,DEN)` は，分子多項式の係数 `NUM` で，分母多項式の係数が `DEN` の連続時間の伝達関数 `sys` を作成する．結果の `sys` は，tfオブジェクトである．
`series(SYS1,SYS2)`	`series` は，2つのLTIシステム(LinearTimeInvariantSystem: 線形時不変系)`SYS1` と `SYS2` の直列結合を形成し次の出力をする． `SYS = SYS2*SYS1`
`parallel(SYS1,SYS2)`	`parallel` は，2つのLTIシステム `SYS1` と `SYS2` の並列結合を形成し次の出力をする． `SYS = SYS2 + SYS1`
`feedback(SYS1,SYS2)`	`SYS = feedback(SYS1,SYS2)` は，閉ループフィードバックシステムのLTIモデル SYS を求めるものである．負のフィードバックが仮定される．正のフィードバックを適用するためには，次の書式を用いる． `SYS = feedback(SYS1,SYS2,+1)`

(a) 直列結合

直列結合とは図 8.10 に示すようなものです．

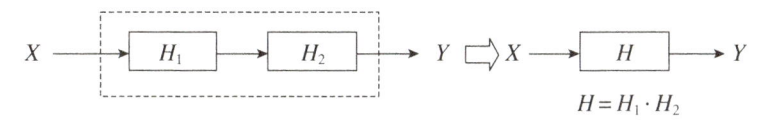

図 8.10　直列結合

MATLAB では以下のコマンドで求められます．

コマンド	実行結果
>> H1=tf(2,[1 1 0]); >> H2=tf(5,[1 2]); >> H=H1*H2	H = 　　　　10 ----------------- s^3 + 3 s^2 + 2 s 連続時間の伝達関数です

または，

コマンド
>> H = series(H1,H2)

でも同じ結果が得られます．

(b) 並列結合

並列結合とは図 8.11 のようなものです．

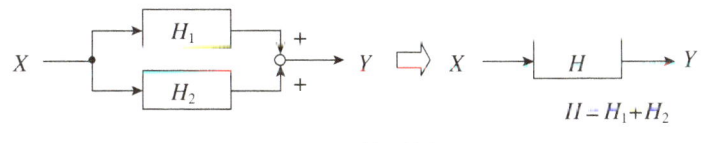

図 8.11　並列結合

以下のコマンドで求められます．

コマンド	実行結果

`>> H1=tf(2,[1 1 0]);`
`>> H2=tf(5,[1 2]);`
`>> H=H1+H2`
	`H =`
	
	`    5 s^2 + 7 s + 4`
	`    -----------------`
	`    s^3 + 3 s^2 + 2 s`
	連続時間の伝達関数です

または,

コマンド
`>> H=parallel(H1,H2)`

でも同じ結果が得られます.

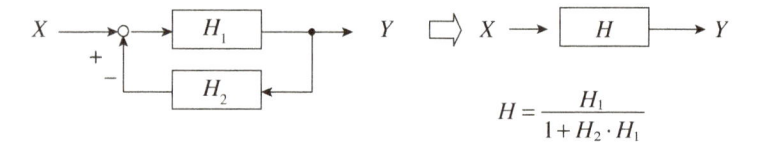

(c) フィードバック結合

フィードバック結合とは図 8.12 のようなものです.

$$H = \frac{H_1}{1 + H_2 \cdot H_1}$$

図 8.12 フィードバック結合

MATLAB では以下のコマンドで求められます.

コマンド	実行結果

`>> H1=tf(2,[1 1 0]);`
`>> H2=tf(5,[1 2]);`
`>> H=feedback(H1,H2)`
	`H =`
	
	`         2 s + 4`
	`    ----------------------`
	`    s^3 + 3 s^2 + 2 s + 10`
	連続時間の伝達関数です

8.7 要素の応答特性

システムの特性を調べるには,ステップ入力などを加えて過渡応答特性を調べ

る方法と，入力にさまざまな周波数の正弦波を加えて周波数特性を調べる方法があります．例を図 8.13，図 8.14 に示します．それぞれについて 8.8 節，8.9 節で解説していきます．

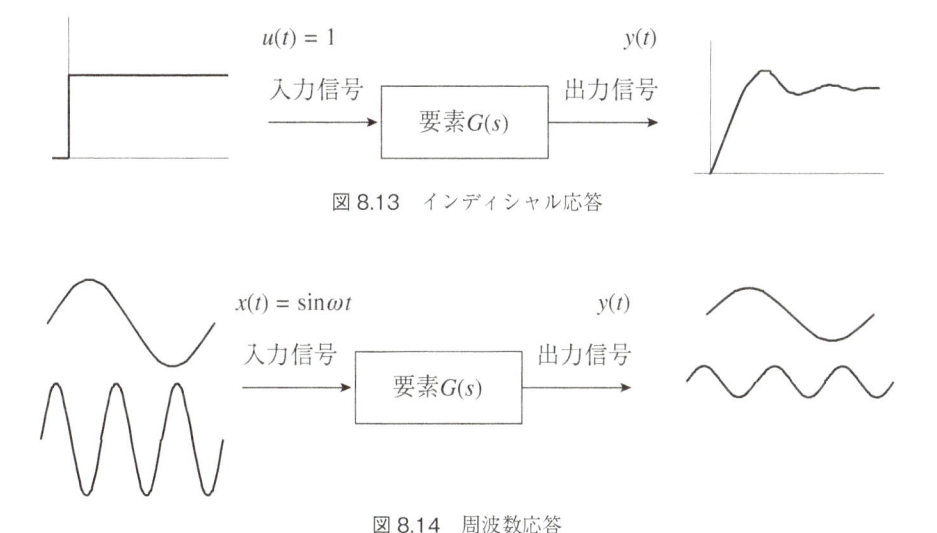

図 8.13 インディシャル応答

図 8.14 周波数応答

古典制御の応答特性を求める主なコマンドを表 8.3 に示します．

表 8.3 各種プロットコマンド

コマンド	機能
`impulse`	単位インパルス応答を計算しプロットする．
`step`	単位ステップ応答を計算しプロットする．
`nyquist`	ナイキスト周波数応答を計算しプロットする．
`bode`	ボード周波数応答を計算しプロットする．
`nichols`	ニコルス周波数応答を計算，プロットする．

8.8 インディシャル応答

図 8.13 は，入力信号に単位ステップ信号 ($u(t)$=1) を加えたときの出力信号 $y(t)$ の時間的変化を示したものです．この図から入力信号の変化の影響が時間とともになくなり，やがて一定の落ち着いた状態になることがわかります．この落ち着いた状態を定常状態といい，それまでの時間を過渡状態といいます．

制御系の過渡応答を調べるための入力信号として，単位ステップ状の入力を加えたときの応答特性をインディシャル応答と呼びます．

主な要素についてインディシャル応答を求めてみましょう．

(a) 比例要素

比例要素 $G(s) = \dfrac{Y(s)}{X(s)} = 3$ のインディシャル応答を求めます．使用している各コマンドの機能は表 8.4 に示す通りです．

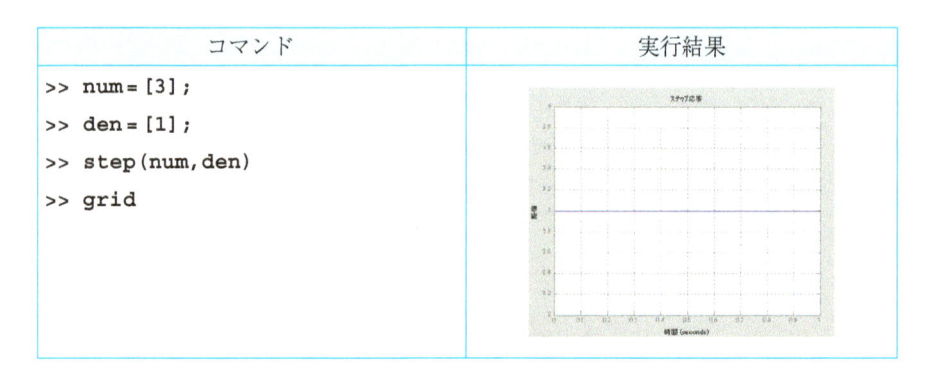

コマンド	実行結果

`>> num=[3];`
`>> den=[1];`
`>> step(num,den)`
`>> grid`	

表 8.4 使用しているコマンドの書式と機能

書式	機能
`step(NUM,DEN)` `step(SYS)`	線形時不変モデル（Linear Time Invariantmodel：LTI モデル）のステップ応答を計算する．`step(SYS)` は，LTI モデル `SYS` のステップ応答をプロットする．時間範囲と計算点数は，自動的に選択される．
`step(NUM,DEN,TFINAL)` `step(SYS,TFINAL)`	$t=0$ から，最終時間 $t=$TFINAL までのステップ応答をシミュレーションする．サンプル時間を設定していない離散時間モデルに対して，`TFINAL` はサンプル数として扱われる．
`step(NUM,DEN,T)` `step(SYS,T)`	シミュレーションにユーザ指定の時間ベクトル T を入力する．ステップ入力は，常に $t=0$ で立ち上がると仮定される．
`step(SYS1,SYS2,...,T)`	複数の LTI モデル `SYS1,SYS2,...` のステップ応答を1つのプロットに表示する．時間ベクトル T はオプション．次のようにして，カラー，ラインスタイル，マーカを指定することもできる． 　　　　`step(SYS1,'r',SYS2,'y--',SYS3,'gx')`．

(b) 積分要素

積分要素 $G(s) = \dfrac{Y(s)}{X(s)} = \dfrac{1}{s}$ のインディシャル応答を求めます．

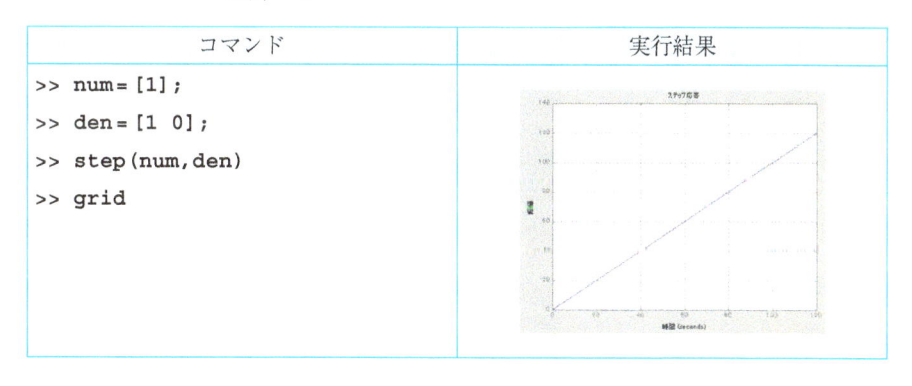

コマンド	実行結果

`>> num=[1];`
`>> den=[1 0];`
`>> step(num,den)`
`>> grid`	

(c) 1次遅れ要素

1次遅れ要素 $G(s) = \dfrac{Y(s)}{X(s)} = \dfrac{1}{1+Ts}$ のインディシャル応答を求めます。

ここでは伝達関数により求める方法をとります．

$$\frac{Y(s)}{X(s)} = \frac{1}{1+Ts}$$

$$Y(s) = \frac{1}{1+Ts} \cdot X(s)$$

ここで表8.1より

$$X(s) = \frac{1}{s}$$

$$\begin{aligned}Y(s) &= \frac{1}{1+Ts} \cdot \frac{1}{s} \\ &= \frac{1}{s} - \frac{T}{1+Ts} \\ &= \frac{1}{s} - \frac{1}{s+\dfrac{1}{T}}\end{aligned}$$

表 8.5 表8.1より必要な部分を抜粋

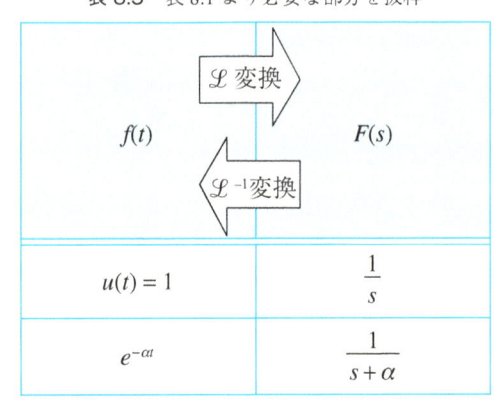

$f(t)$	$F(s)$
$\mathscr{L}$変換 → / $\mathscr{L}^{-1}$変換 ←	
$u(t) = 1$	$\dfrac{1}{s}$
$e^{-\alpha t}$	$\dfrac{1}{s+\alpha}$

よって，s領域からt領域に戻すため，逆ラプラス変換します．

$$y(t) = \mathscr{L}^{-1}[Y(s)] = \mathscr{L}^{-1}\left[\frac{1}{s}\right] - \mathscr{L}^{-1}\left[\frac{1}{s+\dfrac{1}{T}}\right] = 1 - e^{-\frac{1}{T}t}$$

図8.15にグラフを示します（$T=1$ とします）．

ここで，原点における勾配（接線）を求めてみます．

$$\frac{dy(t)}{dt} = \left[\frac{1}{T} e^{-\frac{1}{T}t}\right]_{t=0} = \frac{1}{T} e^0 = \frac{1}{T} = 1$$

T：時定数 (timeconstant)[sec]

$t=1$ のとき y の値は

$$y = 1 - e^{-1} = 0.632$$

になります．

時定数 T はインディシャル応答が一定値（最終値の63.2%）に落ち着くまでの目

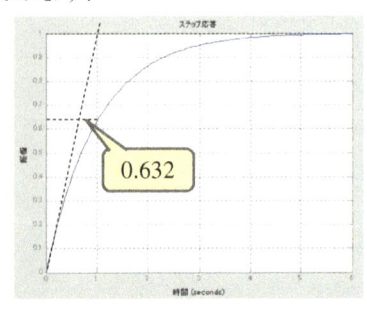

図 8.15 1次遅れ要素のインディシャル応答

安になる値で，この値が小さいほど一定値に落ち着くまでの時間は早くなります．MATLAB コマンドより以下のように実行します．

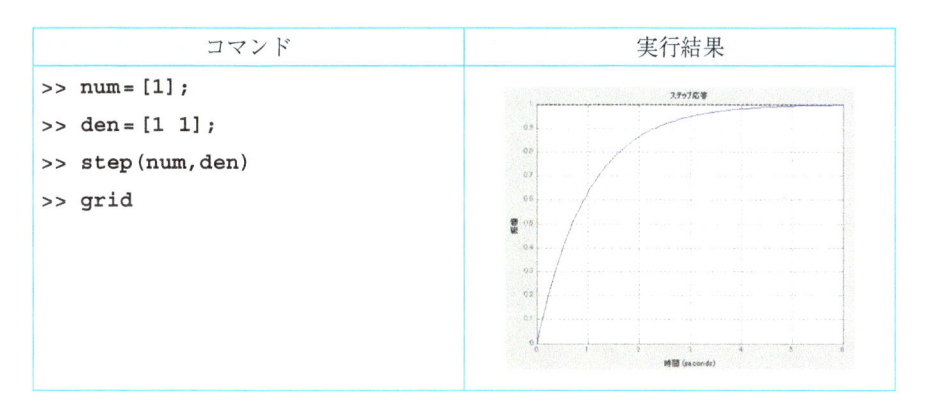

コマンド	実行結果

`>> num = [1];`
`>> den = [1 1];`
`>> step(num,den)`
`>> grid`	

(d) 2次遅れ要素のインディシャル応答

最初に2次遅れ要素 $G(s) = \dfrac{Y(s)}{X(s)} = \dfrac{1}{as^2 + bs + c}$ の過渡特性を調べます．一般に

$$G(s) = \frac{\omega_n^2}{s^2 + 2\zeta\omega_n s + \omega_n^2}$$

$$= \frac{1}{\dfrac{s^2}{\omega_n^2} + \dfrac{2\zeta}{\omega_n}s + 1}$$

で表現されます．ここで，ζ は減衰率（減衰係数）で，ω は固有振動数（固有角周波数）です．

$G(s)$ の分母を部分分数に分解する必要があります．そのために $s^2 + 2\zeta\omega_n s + \omega_n^2 = 0$ の根を s_1, s_2 とします．まず，

(i) $\zeta = 1$ の場合 $s_1, s_2 = -\omega_n$ で重根となります．

$\zeta \neq 1$ の場合

$$s_1 = -\zeta\omega_n + \omega_n\sqrt{\zeta^2 - 1}$$

$$s_2 = -\zeta\omega_n - \omega_n\sqrt{\zeta^2 - 1}$$

なので，

(ii) $\zeta > 1$ のとき，実根となります．

(iii) $\zeta<1$ のときは，$\sqrt{\zeta^2-1}=\sqrt{-(1-\zeta^2)}=j\sqrt{1-\zeta^2}$ なので，
$$s_1=-\zeta\omega_n+j\omega_n\sqrt{1-\zeta^2}$$
$$s_2=-\zeta\omega_n-j\omega_n\sqrt{1-\zeta^2}$$

となります．とくに

(iv) $\zeta=0$ のとき $s^2+\omega_n^2=0$ より
$$s_1=j\omega_n\ ,\ s_2=-j\omega_n$$

インディシャル応答は
$$Y(s)=\frac{\omega_n^2}{s^2+2\zeta\omega_n s+\omega_n^2}\cdot\frac{1}{s}$$
$$=\frac{1}{s}-\frac{s+2\zeta\omega_n}{s^2+2\zeta\omega_n s+\omega_n^2}$$
$$=\frac{1}{s}-\left\{\frac{(s+\zeta\omega_n)+\zeta\omega_n}{(s+\zeta\omega_n)^2+\omega_n^2(1-\zeta^2)}\right\}$$

です．ここで $\zeta\omega_n=\sigma$, $\omega_n\sqrt{1-\zeta^2}=\omega$ とおくと
$$Y(s)=\frac{1}{s}-\left\{\frac{s+\sigma}{(s+\sigma)^2+\omega^2}+\frac{\sigma}{\omega}\frac{\omega}{(s+\sigma)^2+\omega^2}\right\}$$

となります．したがって，
$$y(t)=1-\left\{e^{-\sigma t}\cos\omega t+\frac{\sigma}{\omega}e^{-\sigma t}\sin\omega t\right\}$$
$$=1-e^{-\sigma t}\left\{\cos\omega t+\frac{\zeta\omega_n}{\omega_n\sqrt{1-\zeta^2}}\sin\omega t\right\}$$
$$=1-\frac{e^{-\sigma t}}{\sqrt{1-\zeta^2}}\left\{\sqrt{1-\zeta^2}\cos\omega t+\zeta\sin\omega t\right\} \tag{8.7}$$

となります．ここで $\zeta<1$ として $\zeta=\cos\theta$, $\sqrt{1-\zeta^2}=\sin\theta$ とおくと
$$y(t)=1-\frac{e^{-\sigma t}}{\sqrt{1-\zeta^2}}\{\sin\theta\cos\omega t+\cos\theta\sin\omega t\}$$
$$=1-\frac{e^{-\sigma t}}{\sqrt{1-\zeta^2}}\sin(\omega t+\theta)$$

$$1-\frac{e^{-\zeta\omega_n t}}{\sqrt{1-\zeta^2}}\sin(\omega_n\sqrt{1-\zeta^2}\,t+\theta),\ \ ただし，\ \theta=\tan^{-1}\left(\frac{\sqrt{1-\zeta^2}}{\zeta}\right)\ とします．$$

また，$\zeta > 1$ の場合 $\sqrt{1-\zeta^2} = j\sqrt{\zeta^2-1}$，$\omega_1 = \sqrt{\zeta^2-1}$ とおき，式 (8.7) を書き換えると

$$y(t) = 1 - \frac{e^{-\sigma t}}{j\sqrt{\zeta^2-1}}\left\{j\sqrt{\zeta^2-1}\cos j\omega_1 t + \zeta \sin j\omega_1 t\right\}$$

となります．ここで $\cos j\omega_1 t = \dfrac{e^{\omega_1 t} + e^{-\omega_1 t}}{2} = \cosh \omega_1 t$，$\sin j\omega_1 t = \dfrac{e^{-\omega_1 t} - e^{\omega_1 t}}{2j}$

$= j\dfrac{e^{\omega_1 t} - e^{-\omega_1 t}}{2} = j\sinh \omega_1 t$ です．したがって

$$y(t) = 1 - \frac{e^{-\sigma t}}{\sqrt{\zeta^2-1}}\left\{\sqrt{\zeta^2-1}\cosh \omega_1 t + \zeta \sinh \omega_1 t\right\}$$

ここで $\zeta = \dfrac{e^\theta + e^{-\theta}}{2} = \cosh\theta > 1$ とおくと $\sqrt{\zeta^2-1} = \dfrac{e^\theta - e^{-\theta}}{2} = \sinh\theta > 0$ です．

よって

$$y(t) = 1 - \frac{e^{-\sigma t}}{\sqrt{\zeta^2-1}}\left\{\sinh\theta \cosh \omega_1 t + \cosh\theta \sinh \omega_1 t\right\}$$

$$= 1 - \frac{e^{-\sigma t}}{\sqrt{\zeta^2-1}}\left\{\sinh(\omega_1 t + \theta)\right\}$$

$$= 1 - \frac{e^{-\zeta\omega_n t}}{\sqrt{\zeta^2-1}}\left\{\sinh(\omega_n \sqrt{\zeta^2-1}\, t + \theta)\right\}$$

となります．

$\zeta = 1$ の場合

$$y(t) = \mathscr{L}^{-1}\left[\frac{\omega_n^2}{s(s^2 + 2\zeta\omega_n s + \omega_n^2)}\right]$$

$$= \mathscr{L}^{-1}\left[\frac{\omega_n^2}{s(s+\omega_n)^2}\right]$$

$$= \mathscr{L}^{-1}\left[\frac{1}{s} - \frac{1}{s+\omega_n} - \frac{\omega_n}{(s+\omega_n)^2}\right]$$

$$= 1 - e^{-\omega_n t} - \omega_n t e^{-\omega_n t}$$

$$= 1 - e^{-\omega_n t}(1 + \omega_n t)$$

$\zeta = 0$ の場合

$$y(t) = \mathscr{L}^{-1}\left[\frac{\omega_n^2}{s(s^2 + \omega_n^2)}\right]$$

$$= \mathscr{L}^{-1}\left[\frac{1}{s} - \frac{s}{s^2 + \omega_n^2}\right]$$
$$= 1 - \cos\omega_n t$$

となります.

$G(s) = \dfrac{1}{s^2/\omega_n^2 + 2\zeta/\omega_n s + 1}$ を MATLAB を使用して求めてみましょう($\omega_n = 1$, $\zeta = 0 \sim 1.2$).ここで ζ は減衰率(減衰係数),ω_n は固有振動数(固有角周波数)です.

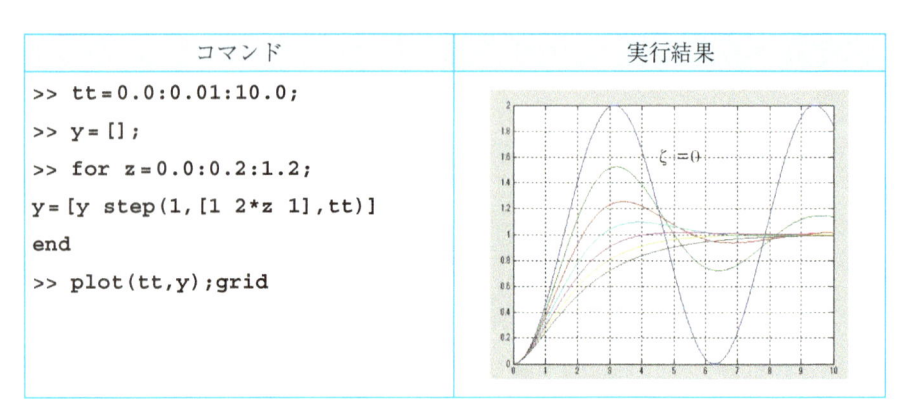

コマンド	実行結果
``` >> tt=0.0:0.01:10.0; >> y=[]; >> for z=0.0:0.2:1.2; y=[y step(1,[1 2*z 1],tt)] end >> plot(tt,y);grid ```	(グラフ:$\zeta=0$ ほか)

結果のグラフから,

$\zeta < 0$ のとき　　発散振動(時間とともに振幅大)

$\zeta = 0$ のとき　　持続振動

$0 < \zeta < 1$ のとき　減衰振動(不足制動)

$\zeta = 1$ のとき　　振動するかしないかの限界(臨界制動)

$\zeta > 1$ のとき　　振動しない(過制動)

を確認することができます.

2次遅れ要素 $G(s) = \dfrac{Y(s)}{X(s)} = \dfrac{1}{s^2 + 0.3s + 1}$ のインディシャル応答を求めるコマンド,およびその実行結果は以下となります.

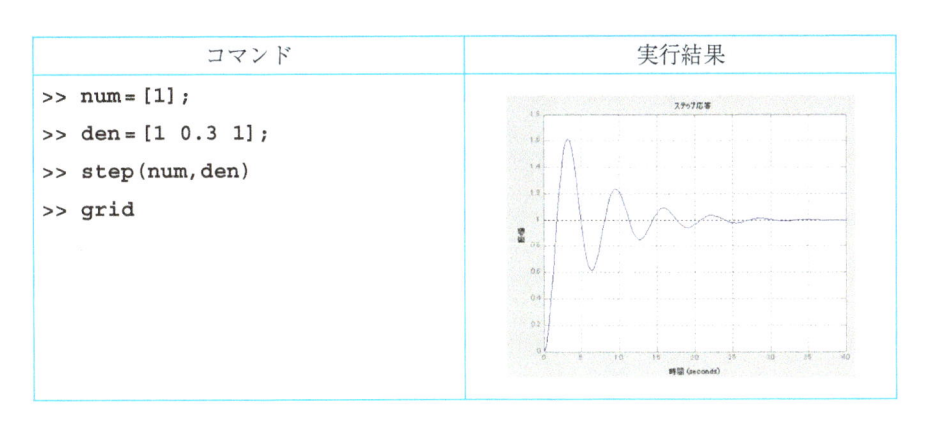

コマンド	実行結果

`>> num = [1];`
`>> den = [1 0.3 1];`
`>> step(num,den)`
`>> grid`	

8.9 周波数応答

図8.14（p.169）を見てみましょう．この図のように入力信号が正弦波の場合，入力信号を与えて十分時間が経過した定常状態における出力信号を周波数応答といいます．線形要素の入力信号が正弦波のとき，出力信号は，入力信号と同一周波数の正弦波となります．すなわち

　　入力信号　　$x(t) = A_i \sin \omega t = A_i \sin 2\pi ft$
　　出力信号　　$y(t) = A_o \sin(\omega t + \theta) = A_o \sin(2\pi ft + \theta)$
　　A_i, A_o：振幅　　ω：各周波数 [rad/sec]
　　f：周波数 [Hz]　　θ：位相 [rad]

が成り立ちます．

図8.16に示すように，入力波形と出力波形を比べると，周波数は同じですが振幅の違い（振幅比）および波形のズレ（位相）が生じることがわかります．

伝達関数 $G(s)$ の s の代わりに $j\omega$ と置き換えた関数 $G(j\omega)$ を周波数伝達関数といいます．この $G(j\omega)$ の絶対値 $|G(j\omega)|$ が振幅比（ゲイン）に，$G(j\omega)$ の偏角 $\angle G(j\omega)$ が位相に等しくなります．すなわち

$$\frac{A_o}{A_i} = |G(j\omega)|$$
$$\theta = \angle G(j\omega)$$

です．

よって周波数応答を求める，つまり振幅比（ゲイン）と位相 θ を求めるには，

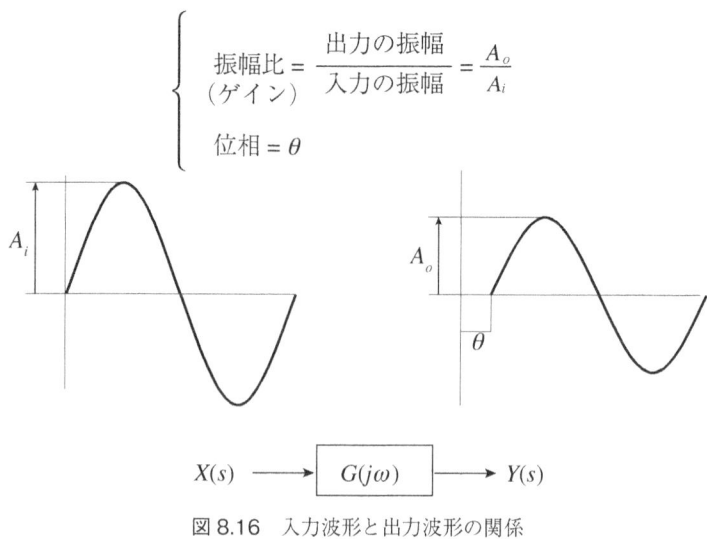

$$\begin{cases} 振幅比 \\ (ゲイン) \end{cases} = \frac{出力の振幅}{入力の振幅} = \frac{A_o}{A_i}$$
$$位相 = \theta$$

$X(s) \longrightarrow \boxed{G(j\omega)} \longrightarrow Y(s)$

図 8.16　入力波形と出力波形の関係

周波数伝達関数 $G(j\omega)$ の絶対値 $|G(j\omega)|$ と偏角 $\angle G(j\omega)$ を求めればいいということになります．

　周波数応答特性を示す図として，ベクトル軌跡（ナイキスト（Nyquist）線図）とボード（Bode）線図があります．

　$G(j\omega)$ を複素平面上の複素ベクトルとして表示するとき，そのベクトルの先端を示す点が ω の変化につれてどのような軌跡を描くかを示した線図をベクトル軌跡またはナイキスト線図といいます．

　もう一方のボード線図とは，ゲイン対周波数と位相対周波数の関係を直交座標で表現したものです．これは2つの要素から成り立っています．まず，$20\log_{10}|G(j\omega)|$ [dB] を縦軸にとり，角周波数 ω の対数を横軸にとったグラフであるゲイン曲線です．2つ目は $\angle G(j\omega)$ を縦軸にとり，角周波数 ω の対数を横軸にとったグラフである位相曲線です．この2つのグラフを組にしたものがボード線図です．

　MATLAB および Simulink を用いて，主な要素について周波数応答を求めてみましょう．

(a) 積分要素の周波数応答

積分要素 $G(s) = \dfrac{Y(s)}{X(s)} = \dfrac{1}{s}$ の周波数応答を求めましょう.

ナイキスト線図を描画します.

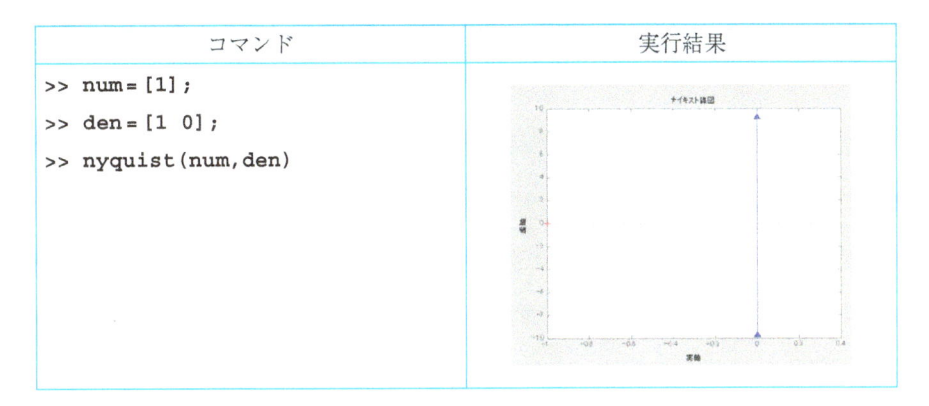

コマンド	実行結果

`>> num=[1];`
`>> den=[1 0];`
`>> nyquist(num,den)`
	ナイキスト線図

使っている各コマンドの機能は表 8.6 の通りです.

表 8.6 各コマンドの書式と機能

書式	機能
`nyquist(NUM,DEN)` `nyquist(SYS)`	`nyquist` は, LTI モデルのナイキスト周波数応答を計算する. 周波数帯域と点数は, 自動的に選択される.
`nyquist(NUM,DEN,{WMIN,WMAX})` `nyquist(SYS,{WMIN,WMAX})`	`WMIN` から `WMAX` までの周波数域 (rad/sec 単位で) に対して, ナイキスト線図をプロットする.
`nyquist(NUM,DEN,W)` `nyquist(SYS,W)`	ユーザが rad/sec 単位で指定した周波数ベクトル `W` を利用して, その点でナイキスト線図が計算される.
`nyquist(SYS1,SYS2,...,W)`	複数の LTI モデル `SYS1,SYS2,...` を 1 つのプロットにする. 周波数ベクトル `W` は, オプション. 次のように, カラー, ラインスタイル, マーカを設定することもできる. `nyquist(SYS1,'r',SYS2,'y--',SYS3,'gx')`

ボード線図を描きます. 使っている各コマンドの機能は表 8.6 に示す通り

です．

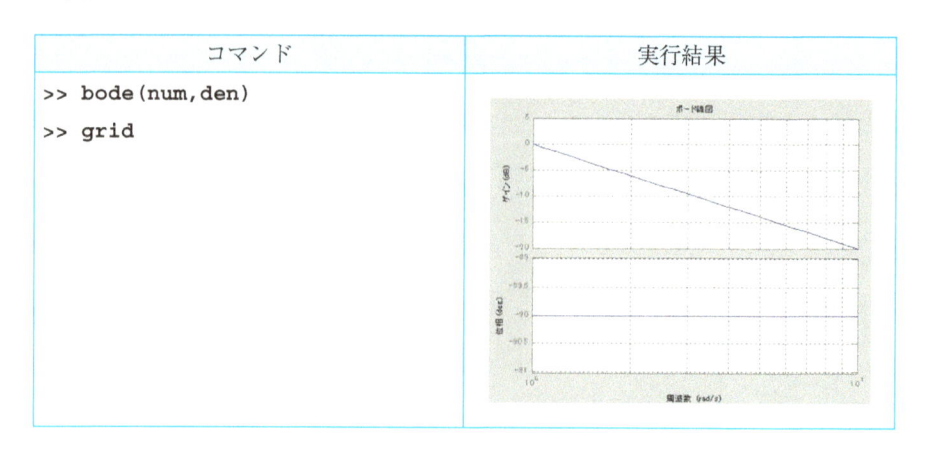

コマンド	実行結果
`>> bode(num,den)` `>> grid`	ボード線図

表 8.7 各コマンドの書式と機能

書式	機能
`bode(NUM,DEN) bode(SYS)`	`bode` は，LTI モデルのボード線図を計算作成する．周波数帯域や応答を計算する点数は自動的に選択さる．
`bode(NUM,DEN,{WMIN,WMAX})` `bode(SYS,{WMIN,WMAX})`	`WMIN` から `WMAX` までの周波数帯域（rad/sec 単位で）に対して，ボード線図を描く．
`bode(NUM,DEN,W) bode(SYS,W)`	ユーザが rad/sec 単位で指定した周波数ベクトル `W` を利用して，その点でボード線図が計算される．
`bode(SYS1,SYS2,...,W)`	複数の LTI システム `SYS1,SYS2,...` のボード線図を1つのプロットにする．周波数ベクトル `W` は，オプション．次のように，カラー，ラインスタイル，マーカを各システムごとに指定することもできる． `bode(SYS1,'r',SYS2,'y--',SYS3,'gx')`

(b) 1次遅れ要素の周波数応答

1次遅れ要素 $G(s) = \dfrac{Y(s)}{X(s)} = \dfrac{1}{1+Ts}$ の周波数応答を求めます（$T=1$ とする）．

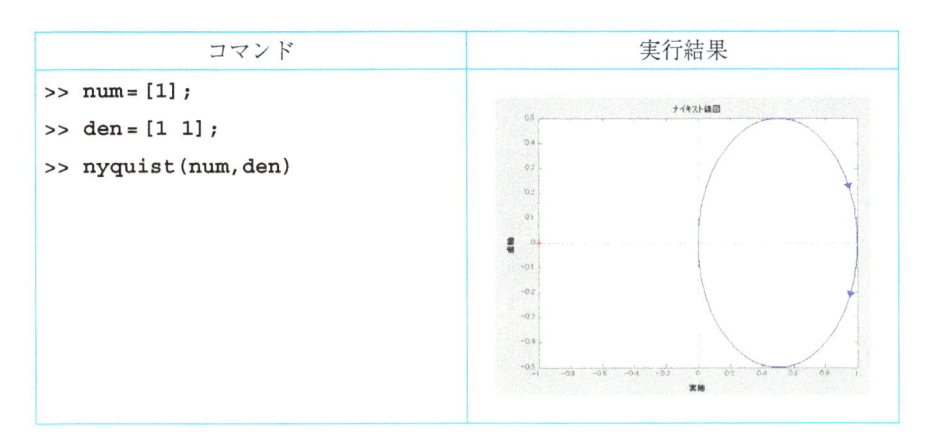

コマンド	実行結果

`>> num=[1];`
`>> den=[1 1];`
`>> nyquist(num,den)`	

ボード線図を描きます．

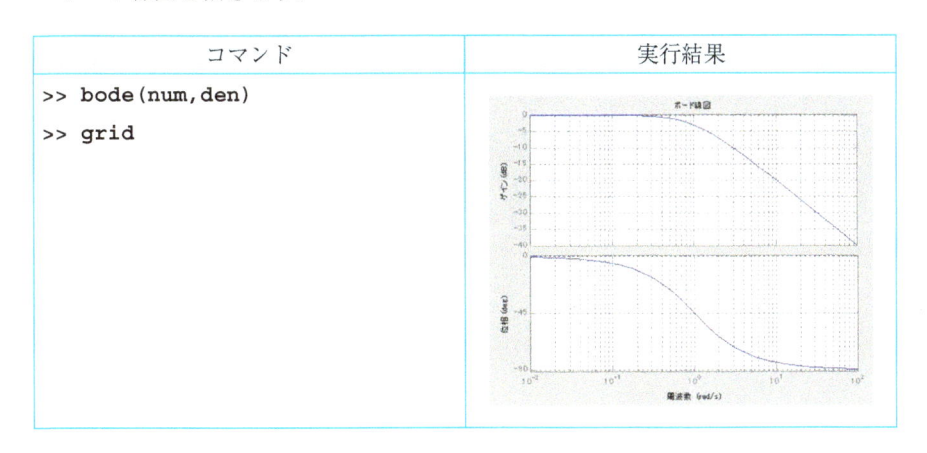

コマンド	実行結果
`>> bode(num,den)` `>> grid`	

(c) 2次遅れ要素

2次遅れ要素 $G(s) = \dfrac{Y(s)}{X(s)} = \dfrac{1}{s^2 + 0.3s + 1}$ の周波数応答を求めます．
ナイキスト線図を描きます．

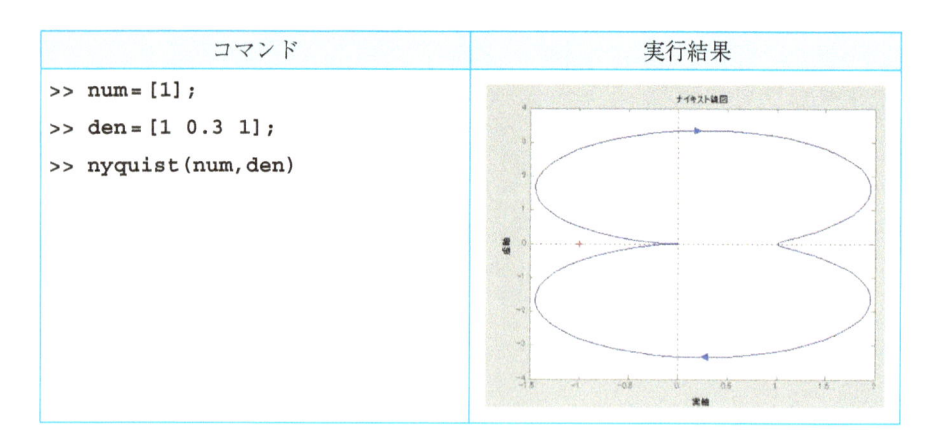

コマンド	実行結果

`>> num=[1];`
`>> den=[1 0.3 1];`
`>> nyquist(num,den)`
	ナイキスト線図

次にボード線図を描きます．

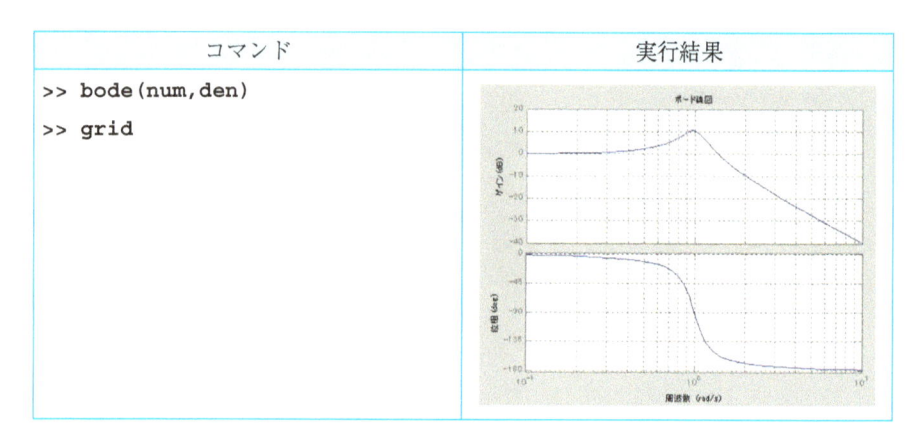

コマンド	実行結果
`>> bode(num,den)` `>> grid`	ボード線図

8.10 自動制御系の安定性

制御系の過渡現象が時間の経過とともに減衰し，定常値に達する場合，系は安定，そうでない場合を不安定といいます．図 8.17 において $G(s) = \dfrac{1}{s^2 + s - 7}$ とします．

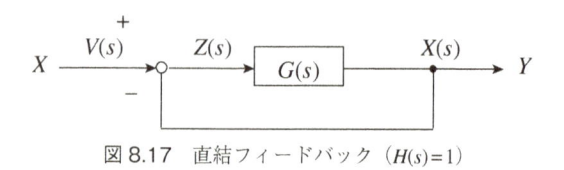

図 8.17 直結フィードバック（$H(s)=1$）

8.10 自動制御系の安定性

$$X(s) = \frac{G(s)}{1+G(s)} V(s) \tag{8.8}$$

単位ステップ入力 $V(s) = \frac{1}{s}$ を代入すると

$$X(s) = \frac{\frac{1}{s^2+s-7}}{1+\frac{1}{s^2+s-7}} \frac{1}{s}$$

$$= \frac{1}{s^2+s-6} \frac{1}{s}$$

$$= \frac{1}{s(s+3)(s-2)}$$

$$X(s) = \frac{k_0}{s} + \frac{k_1}{s+3} + \frac{k_2}{s-2} \quad (k_0, k_1, k_2 \text{ は定数})$$

となります.

ここで,逆ラプラス変換をすると

$$x(t) = \mathscr{L}^{-1} X(s) = k_0 + k_1 e^{-3t} + k_2 e^{2t}$$

となります.式 (8.8) において,伝達関数の分母を 0 とおいたものを特性方程式といい,その根を $G(s)$ の極といいます.すなわちここでは

$$1+G(s) = 1 + \frac{1}{s^2+s-7} = \frac{(s+3)(s-2)}{s^2+s-7} = 0 \quad \therefore \quad s = -3, 2 \text{ が極です.}$$

一般に $x(t) = k_0 + k_1 e^{s_1 t} + k_2 e^{s_2 t}$ において,システムにおいて不安定現象が起こらないためには,次のどちらかがいえるといいでしょう.

(1) s_1, s_2 がともに実根のときは負であること(両者が正だと $e^{s_1 t}$, $e^{s_2 t}$ が $t \to \infty$ でともに無限大に発散します).

(2) s_1, s_2 が複素数のときは必ず共役関係にあり,実数部分が負であること.

$$s_1, s_2 = \alpha \pm j\beta$$

で表され

$$e^{s_1 t}, e^{s_2 t} = e^{(\alpha \pm \beta)t} = e^{\alpha t} e^{\pm \beta t} = e^{\alpha t}(\cos \beta t \pm j\beta t)$$

より $t \to \infty$ で,$e^{\alpha t} \to 0$ ならば安定です.つまり,$\alpha =$ (複素根の実数部)が負になることが必要です.

この 2 つをまとめると,特性方程式の根 $s_1, s_2, \ldots$ の実数部が負であれば系は安定であるといえます.

特性方程式の根（特性根）を具体的に求めれば系が安定かどうかは，容易に判断できますが，実際の制御系では特性方程式は高次のものが多いので，根を求めて符号を調べるのも容易ではありません．特性方程式の根を直接求めないで，この方程式の係数から高次制御系の安定，不安定を判別する方法として，ラウス-フルビッツ（Rauth-Hurwitz）の安定判別法などがあります．

8.11 ナイキスト安定判別法

図 8.18(a) において入力信号を 0 とみなし，点 A でループを切り開くと，図 8.18(c) のように描けます．新たに点 A を入力端子とみなし，この点へ正弦波入力を印加すると図 8.18(d) となります．

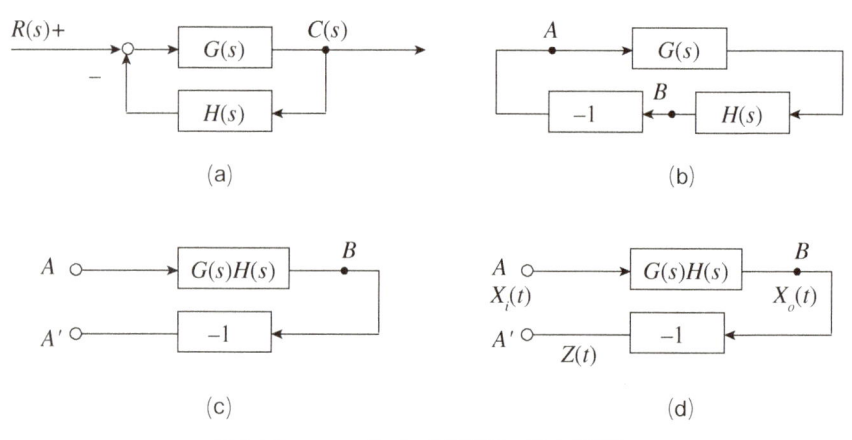

図 8.18 フィードバック制御系の安定判別法

ここで $G(s)H(s)$ を一巡伝達関数（開ループ伝達関数）と呼びます．ここで，s を $j\omega$ と置き換え $G(j\omega)H(j\omega)$ の一巡周波数応答のベクトル軌跡を描いたところ図 8.19 に示すような結果が得られたものとします．

$\omega \to \omega_0$ のとき $(-1, j0)$ を通るとします．

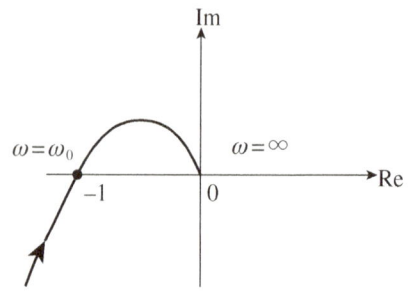

図 8.19 一巡周波数応答のベクトル軌跡（$(-1, j0)$ を通過する場合）

$\omega=\omega_0$ のとき一巡周波数応答を求めると

$$G(j\omega_0)H(j\omega_0) = -1+j0$$
$$= \cos(-\pi) + j\sin(-\pi) = e^{\pi j}$$

となり，これは振幅比 1，位相差 $-\pi$ [rad] を意味しています．

図 8.18(d) において点 A に $x_i(t)=\sin\omega_0 t$ を印加したとき点 B における信号 $x_0(t)$ は

$$x_0(t) = \sin(\omega_0 t - \pi) = -\sin\omega_0 t \quad \therefore \quad z(t) = \sin\omega_0 t$$

$x_i(t)$ の代わりに点 A から入力信号を入れると，以後外部から信号を与えなくても周波数 ω_0 の一定幅の振動が無限に続きます．

$\omega=\omega_0$ (−1, $j0$) の左側の点すなわち，ゲイン定数 $k>1$ としたとき，($-k$, $j0$) の a 点を通過する場合を考えます．

$$x_i(t) = \sin\omega_0 t$$

点 B $x_0(t) = -k\sin\omega_0 t$

点 A′ $Z(t) = k\sin\omega_0 t$，$k>1$ より

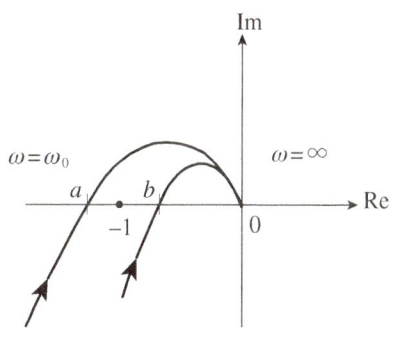

図 8.20　一巡周波数応答ベクトル軌跡

$x_i(t)$ に対して k 倍に拡大された値になっています．AA′ を接続して閉ループ系を構成すると，一巡するごとに k 倍に拡大されループ内の信号は時間とともにますます増大していくことになります．すなわち不安定な状態です．

(−1, $j0$) の右側の b を通過する場合には，

点 A $x_i = \sin\omega_0 t$

点 A′ $Z(t) = k\sin\omega_0 t$，$k<1$

k 倍に縮小されループ内の信号は時間とともにますます縮小していくことになります．これは安定な状態です．

ナイキスト安定判別法

次の手順で行われる安定化どうかの判別法をナイキスト安定判別法といいます．

(1) 与えられたフィードバック系の一巡伝達関数（開ループ伝達関数）$G(s)H(s)$ のベクトル軌跡を描く．

(2) 軌跡上を角周波数 ω が 0 から $+\infty$ まで増加する向きに進むとき，点 $(-1, 0)$ が

　① 進路の左側にあれば安定

　② 進路の右側にあれば不安定

手順(2)の①，②は図 8.21 に示す①，②にあたります．

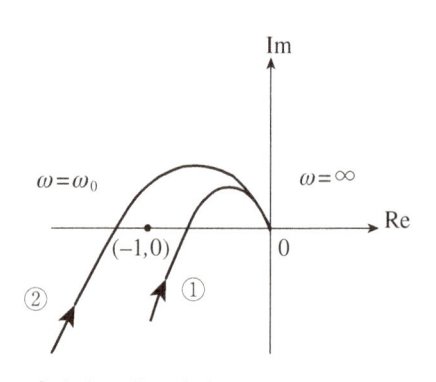

図 8.21　ナイキスト安定判別法

ゲイン余裕，位相余裕

ゲイン余裕とは，$G(j\omega)H(j\omega)$ の位相が $-\pi$ [rad] のときのゲインがあとどれだけ増せば 1 となり不安定となるかという余裕の程度を表す量です．具体的には，以下の g_m です．

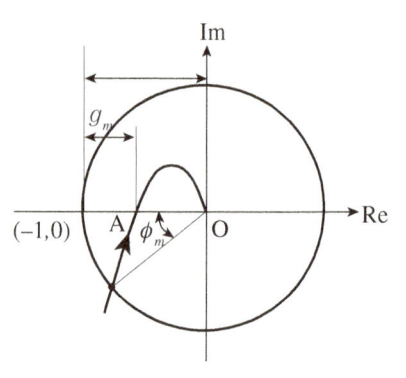

$$g_m = 1 - \mathrm{OA}$$
$$G_{m\_\mathrm{dB}} = 20\log 1 - 20\log \mathrm{OA}$$
$$= -20\log \mathrm{OA}$$

図 8.22　ゲイン余裕と位相余裕

位相余裕とは，ゲインが 1 のとき，位相があとどれだけ遅れると $-\pi$ [rad] になり不安定になるかという余裕の程度を表す量です．図 8.22 の ϕ_m のことです．

ボード線図によるゲイン余裕と位相余裕

ナイキスト安定判別をボード線図に適用したものを図 8.23 に示します．

ゲイン余裕，位相余裕いずれも大きいほどフィードバック系の安定度は高いことになります．

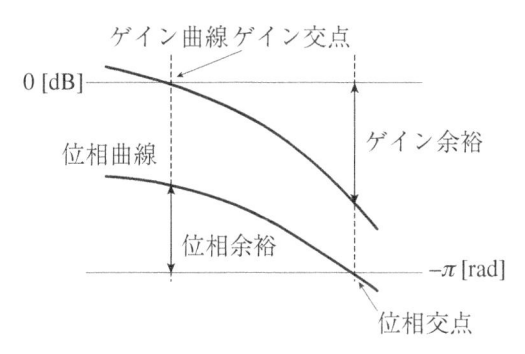

図8.23 ボード線図による安定の判別

では，図8.24のフィードバック制御系が安定であるための k の範囲を求めてみましょう．

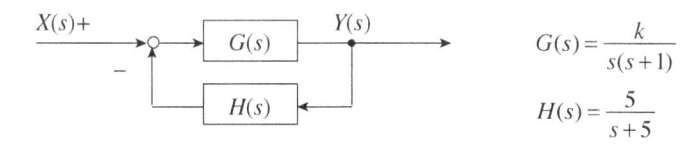

図8.24 フィードバック系

$$G(s) = \frac{k}{s(s+1)}$$

$$H(s) = \frac{5}{s+5}$$

一巡伝達関数は

$$G(s)H(s) = \frac{k}{s(s+1)} \frac{5}{s+5} = \frac{k}{s(1+s)(1+0.2s)}$$

です．したがって，

$$G(j\omega)H(j\omega) = \frac{k}{j\omega(1+j\omega)(1+j0.2\omega)}$$

$$= \frac{k}{j\omega(1-0.2\omega^2) - 1.2\,\omega^2}$$

が成り立ちます．系が安定であるためには，一巡伝達関数 $G(j\omega)H(j\omega)$ の位相が $-\pi$ [rad] のとき，ゲイン $|G(j\omega)H(j\omega)|$ が1以下でなければなりません．∠$G(j\omega)H(j\omega) = -\pi$ [rad] とは，$G(j\omega)H(j\omega)$ のベクトル軌跡が負の実軸と交わる点ですので，$G(j\omega)H(j\omega)$ の虚数部が0の場合になります．

よって特性方程式から

$$1 - 0.2\omega^2 = 0 \quad \therefore \quad \omega^2 = 5 \quad (\omega > 0)$$

がわかります.すなわち $\omega=\sqrt{5}$ のとき $|G(j\omega)H(j\omega)|<1$ であれば系は安定となります.整理すると

$$|G(j\omega)H(j\omega)|_{\omega=\sqrt{5}} = \left[\frac{k}{1.2\omega^2}\right]_{\omega=\sqrt{5}} = \frac{k}{1.2\cdot 5} = \frac{k}{6} < 1$$

より,$k<6$ のとき系は安定となります.

Simulink を用いてこの例を確認してみます.

図 8.25 に示すように一巡伝達関数のブロック線図を描き,ex1.mdl として保存します.

ここで,$k=1$ の場合を見てみましょう.コマンドウィンドウで

    k=1;

と入力します.

ここで,図 8.25 の一巡伝達関数(多項式表示による)を求めます.使用しているコマンドについては,表 8.8,表 8.9 を見てください.

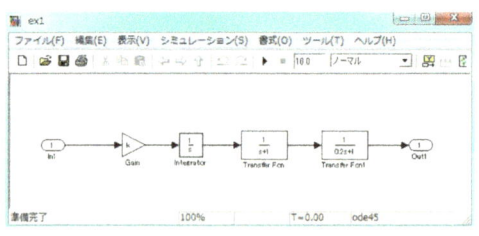

図 8.25　ブロック線図

コマンド	実行結果

`>> [num,den]=linmod('ex1')`	``` num =
	     0 0 0 5.0000
	den =
	     1 6 5 0 ```

`>> bode(num,den)` `>> grid`	周波数 0.779　ゲイン 0 周波数 2.26　位相 −180
`>> [Gm,Pm,Wcg,Wcp]=margin(num,den)`	`Gm = 6.0000`　;ゲイン余裕 `Pm = 43.2099`　;位相余裕 `Wcg = 2.2361`　;位相交差周波数 `Wcp = 0.7793`　;ゲイン交差周波数

ここで `Gm_dB` を計算してみます．

コマンド	実行結果
`>> Gm_dB=20*log10(Gm)`	`Gm_dB =` `    15.5630`

ゲイン余裕 15.6 [dB]，位相余裕 43° となります．

次に $k = 6$ として同様に確認してみます．

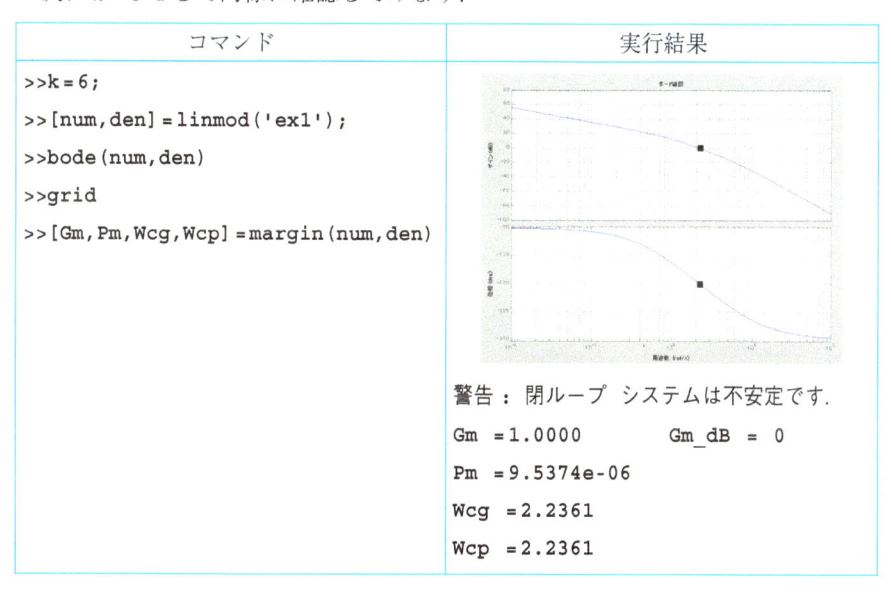

コマンド	実行結果

`>>k=6;`
`>>[num,den]=linmod('ex1');`
`>>bode(num,den)`
`>>grid`
`>>[Gm,Pm,Wcg,Wcp]=margin(num,den)`
	(ボード線図)
	警告：閉ループ システムは不安定です．
	`Gm =1.0000      Gm_dB = 0`
	`Pm =9.5374e-06`
	`Wcg =2.2361`
	`Wcp =2.2361`

よって，$k = 6$ のとき系は不安定となります．

表 8.8 `linmod` の書式

書式	機能
`[num,den]=linmod` `('モデル名')`	`linmod` 連立常微分方程式 (ODE) から線形モデルを取得する．1入力1出力モデルに限り，出力引数を2つとっていると `ss2tf`(ControlSystemTB の関数) を用いて伝達関数に変換して出力される．`[A,B,C,D]=linmod('SYS')` は，状態変数と入力がデフォルトに設定されたとき，ブロック線図 `'SYS'` に記述された連立常微分方程式の状態空間線形モデルを取得する．

表 8.8　margin 関数の書式

書式	機能
[Gm,Pm,Wcg,Wcp] = margin(SYS)	`margin` は，ゲイン余裕・位相余裕とゲイン交差周波数・位相交差周波数を出力する． `[Gm,Pm,Wcg,Wcp]=margin(SYS)` は，開ループ LTI モデル SYS のゲイン余裕 `Gm` と位相余裕 `Pm`，そして，関連する位相交差周波数 `Wcg` とゲイン交差周波数 `Wcp` を計算する．ゲイン余裕 `Gm` は `1/G` として定義され，ここで，`G` は位相が $-180°$ と交差するときのゲインである．位相余裕 `Pm` は，°単位で表れる． dB 単位で表したゲイン余裕は，次の関係から導かれる． `Gm_dB=20*log10(Gm)`

8.12　根軌跡法

フィードバック制御は，外乱の影響を抑える点で優れた制御方法ですが，下手なフィードバックをすると振動が生じたり不安定になったりしてしまいます．その主な原因としてフィードバックのかけ過ぎ（ゲインを高くし過ぎること）があげられます．根軌跡は，制御系のゲインや時定数などのパラメータを連続的に変化させたときに特性方程式の根がどのように動くかを調べ，系の安定判別と安定限界を知るのに利用されます．

系の一巡伝達関数 $G(s)$ を

$$G(s) = k\frac{p(s)}{q(s)} = k\frac{(s-z_1)(s-z_2)\cdots}{(s-p_1)(s-p_2)\cdots}$$

(k: 定数)

としたとき，ゲイン k を 0 から ∞ まで変化させるとします．このとき，$1+G(s)=1+k\frac{p(s)}{q(s)}=0$ より導かれる $k\cdot p(s)+q(s)=0$ の根が s 平面上に描く軌跡を根軌跡といいます．

この根軌跡を用いた制御方法が根軌跡法です．根軌跡が s 平面の左半平面内に

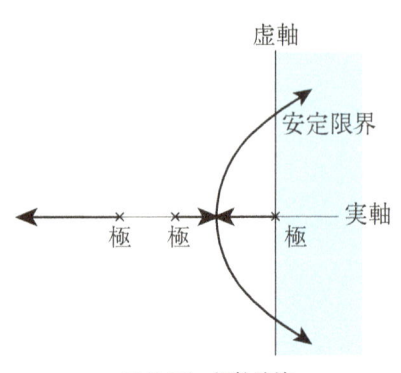

図 8.26　根軌跡法

のみ存在し，右半平面に出ないときは，kがどのような値であっても系は安定します．もし，一部右半平面に入りこむような場合は，根がすべて左半平面にあるようにkの値を選んだときのみ系は安定となります．それ以外の値をkに与えると系は不安定になります．

8.13 特性方程式の根と出力応答

前記したように，伝達関数の分母の多項式を0とおいたものを特性方程式といい，その根を極（pole）といいます．また，伝達関数の分子多項式を0とおいたときの根を零点（zero）といいます．これらの極，零点の位置によって，出力応答が変わります．この伝達関数$G(s)$に対するステップ応答で，極配置と応答の関係を見てみます．

(1) 実数部と虚数部がともに変化する場合
(2) 固有振動数ω_nが一定の場合
(3) 実数部が一定の場合
(4) 虚数部が一定の場合

ここで伝達関数を$G = \dfrac{\omega_n^2}{s^2 + 2\zeta\omega_n s + \omega_n^2}$とします．この伝達関数に単位ステップ応答（$1/s$）を想定します．(1)および(2)は8.8節とほぼ同じなので割愛します．ここでは，(3)，(4)および零点の変化について見ていきます．

(3) 実数部が一定の場合

根の位置が虚数軸に平行に配置される場合です．すなわち，実数部分は一定です（表8.10，図8.27より）．

表8.10 虚数軸に平行な複素根

	位置	ζ	ω_n
s_1	$-1 \pm j$	1	1
s_2	$-1 \pm j2$	$\dfrac{1}{\sqrt{2}}$	$\sqrt{2}$
s_3	$-1 \pm j3$	$\dfrac{1}{\sqrt{5}}$	$\sqrt{5}$
s_4	$-1 \pm j4$	$\dfrac{1}{\sqrt{10}}$	$\sqrt{10}$

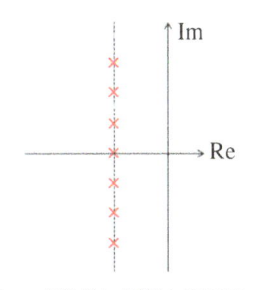

図8.27 虚数軸に平行な複素極の変化

次の List8-1，List8-2 を実行すると図 8.28 の左，右の図がそれぞれ得られます．

List8-1　PoleLocation.m

```matlab
 1: function pol = PoleLocation(z,w)
 2: % 古典制御工学における特性方程式から極を計算する．
 3: % 具体的には入力されたζ (z) とω (w) から多項式としての根を計算する.
 4: % 戻り値は複素数になる.
 5: % 重根が含まれるときも複素数として虚数部は eps になっている.
 6: % また，複数の根を計算する場合,
 7: % ζ (z) とω (w) は同じサイズの列ベクトルとすること.
 8: % ただし，ζ (z) とω (w) が異なるサイズのときは，NaN を出力する.
 9:     [m n] = size(z);
10:     if 0 ~= sum([m n] - size(w))
11:         pol = NaN;
12:         return
13:     end
14:     n = max(m,n);
15:     for l = 1:n
16:     %   characteristic equation
17:         temp = roots([1 2*z(1,1)*w(1,1) w(1,1)^2]);
18:         if isreal(temp)
19:             pol.s1(l) = complex(real(temp(1,1)), eps);
20:             pol.s2(l) = complex(real(temp(2,1)),-eps);
21:         else
22:             pol.s1(l) = temp(1,1);      pol.s2(l) = temp(2,1);
23:         end
24:     end
```

8.13 特性方程式の根と出力応答

```
     List8-2    StepText3.m
 1:  function [pol z w] = StepTest3
 2:  %    次の伝達関数における特性根の位置（計算条件パターン3）と
 3:  %    ステップ応答波形の関係を計算する．
 4:  %                 ω^2
 5:  %    G = -----------------
 6:  %         s^2+2ζωs+ω^2
 7:  %    入力：なし
 8:  %    出力：[pol(極) z(ζ) w(ω)]
 9:  %            複素空間上の極の位置グラフ
10:  %            ステップ応答グラフ
11:  %    計算条件パターン3
12:  %       極の実数部が一定で虚数部が変化する場合．この場合は，
13:  %       ζ，ωがともに変化する場合になる．
14:  %       s：-1, -1±j, -2±j2, -3±j3
15:  %       ζ：1,1/√(2),1/√(5),1/√(10)
16:  %       ω：1, √(2), √(5), √(10)
17:      fig = figure;
18:      % ζ(z)とω(w)の初期化
19:      w = [1 sqrt(2) sqrt(5) sqrt(10)];
20:      z = [1 1/sqrt(2) 1/sqrt(5) 1/sqrt(10)];
21:      pol.s1 = ones(1,5).*(1+1i);    pol.s2 = ones(1,5).*(1-1i);
22:      % ζとωから極（pole）を計算
23:      pol = PoleLocation(z,w);
24:      figure(fig);   %   極表示フィギュアと
25:                     %   ステップ応答表示フィギュアにフォーカス
26:      subplot(1,2,1);   plot(0,0,'r.')   %   原点のグリット
27:      hold on;   grid on
28:      for l = 1:4
29:          plot(pol.s1(l),'rx')    plot(pol.s2(l),'rx')
30:      end
31:      axis equal
32:      %   極は位置グラフのラベル
```

```
33:     title('Pole Location'); xlabel('Realy');  ylabel('Imaginaly')
34:     subplot(1,2,2);
35:     hold on
36:     for l = 1:4
37:         num = w(1,l).^2;        den = [1 2*z(1,l)*w(1,l) w(1,l)^2];
38:         G = tf(num,den);        % 伝達関数定義
39:         step(G,10);
40:     end
41:     grid on
```

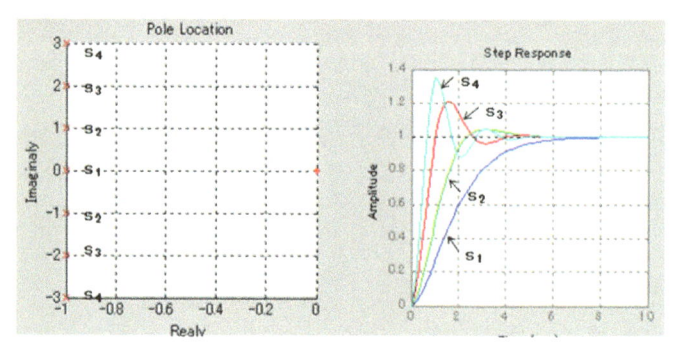

図 8.28　虚数軸に平行な複素極のシステム応答

(4) 虚数部が一定の場合

　極の位置が実数軸と平行になる場合です．ここでは，表 8.11，図 8.29 に示すように虚数部を一定とし実数部を -1 から -4 まで変化させたときの極に対する出力応答を計算してみます．

8.13 特性方程式の根と出力応答

表 8.11 実数軸に平行な複素極

	位置	ζ	ω_n
s_1	$-1 \pm j$	$\dfrac{1}{\sqrt{2}}$	$\sqrt{2}$
s_2	$-2 \pm j$	$\dfrac{2}{\sqrt{5}}$	$\sqrt{5}$
s_3	$-3 \pm j$	$\dfrac{3}{\sqrt{10}}$	$\sqrt{10}$
s_4	$-4 \pm j$	$\dfrac{4}{\sqrt{17}}$	$\sqrt{17}$

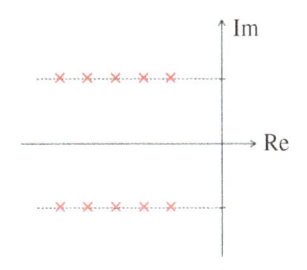

図 8.29 実数軸に平行な複素極の変化

```
List8-3    StepTest4.m
1:  function [pol z w] = StepTest4
2:  %   次の伝達関数における特性根の位置（計算条件パターン4）と
3:  %   ステップ応答波形の
4:  %   関係を計算する.
5:  %                ω ^2
6:  %   G = ------------------
7:  %        s^2+2ζωs+ ω ^2
8:  %   入力：なし
9:  %   出力：[pol(極) z(ζ) w(ω)]
10: %          複素空間上の極の位置グラフ
11: %          ステップ応答グラフ
12: %   計算条件パターン4
13: %       極の虚数部が一定で実数部が変化する場合（特性根が重根の場
14: %       合）．この場合は，ζ，ωがともに変化する場合になる.
15: %       s ： -1±j,   -2±j,    -3±j,    -4±j
16: %       ζ： 1/√(2),2/√(5),3/√(10),4/√(17)
17: %       ω： √(2),   √(5),    √(10),   √(17)
18:     fig = figure;
19:     % ζ(z)とω(w)の初期化
20:     w = [sqrt(2) sqrt(5) sqrt(10) sqrt(17)];
```

```
21:     z = [1/sqrt(2) 2/sqrt(5) 3/sqrt(10) 4/sqrt(17)];
22:     pol.s1 = ones(1,4).*(1+1i);   pol.s2 = ones(1,4).*(1-1i);
23:     % ζとωから極 (pole) を計算
24:     pol = PoleLocation(z,w);
25:     figure(fig);   %   極表示フィギュアと
26:                    %   ステップ応答表示フィギュアにフォーカス
27:     subplot(1,2,1);
28:     hold on;  grid on
29:     plot(0,0,'r.')    %   原点のグリット
30:     for l = 1:4
31:         plot(pol.s1(l),'rx');    plot(pol.s2(l),'rx')
32:     end
33:     %   極は位置グラフのラベル
34:     title('Pole Location'); xlabel('Realy');
35: ylabel('Imaginaly')
36:     subplot(1,2,2);
37:     hold on
38:     for l = 1:4
39:         num = w(1,1).^2;    den = [1 2*z(1,1)*w(1,1) w(1,1)^2];
40:         G = tf(num,den);    %   伝達関数定義
41:         step(G,10);
42:     end
43:     grid on
```

図 8.30 が出力されます.

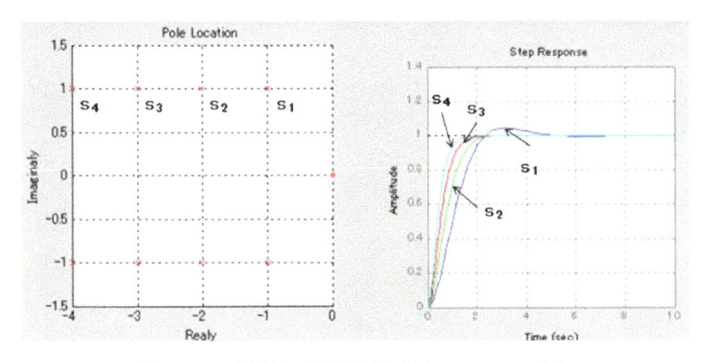

図 8.30　実数軸に平行な複素極のシステム応答

零点変化による出力応答

たとえ制御対象の伝達関数に零点がなくとも制御器の伝達関数の影響で制御系全体に零点の影響が現れます.今度は伝達関数の零点の出力応答に対する影響について見ていきます.零点を変化させるために,制御器と制御対象の伝達関数を

$$G = \frac{s+z_1}{z_1} \frac{\omega_n^2}{s^2 + 2\zeta\omega_n s + \omega_n^2}$$

のようにします.

はじめに 2 実数極と 1 零点をもった伝達関数を想定します.ここで,図 8.31 のように極を固定 ($p_1=1, p_2=-4$),零点 z は $-0.5 \sim 3$ で 0.5 刻みで変化させます.

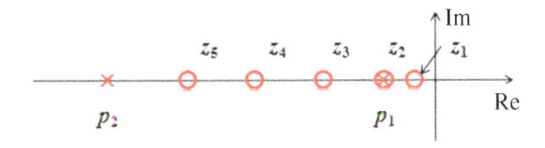

図 8.31　極固定,零点の変化

```
List 8-4    Z1P2Test1.m
 1: function Z1P2Test1
 2: % 2個の実極と1個の零点をもったシステムのインディシャル応答
 3: % 固定された実極で実例を可変に変化したときのインディシャル応答を
 4: % グラフ化する
 5: %   Pole : p1=-1,p2=-4 / Zero : z1 = -0.5:-0.5:-3
 6: % システム
 7: %           p1p2    (s+z1)
 8: %      G = ----*------------
 9: %           z1    (s+p1)(s+p2)
10:    p1=-1; p2=-4; z1 = -0.5:-0.5:-3;
11:    p = complex([p1 p2]); z = complex(z1);
12:    [m n] = size(z);
13:    figure;
14:    subplot(1,2,1)
15:    hold on
16:    plot(p,'x');    plot(z,'ro')
17:    grid on
18:    title('Pole and Zeros Location')
19:    xlabel('Realy');    ylabel('Imaginaly')
20:    subplot(1,2,2)
21:    hold on
22:    for l = 1:n
23:        K = p1*p2/z(l); G = zpk(z(l),p,abs(K));
24:        step(G,6)
25:    end
26:    grid on
```

図 8.31 において，p_1，z_2 の組をダイポールといいます．このダイポールは共役複素極が十分に離れており（p_1 と p_2 との距離が十分にあり），かつダイポールの零点（z_2）と原点との距離に比べ，ダイポールの極と零点（p_1, z_2）の距離が十分に接近していれば，インディシャル応答にほとんど影響を与えることはありません．この特性を利用して，制御要求に応じて p_1, z_2 を自由に配置することができ

ます.

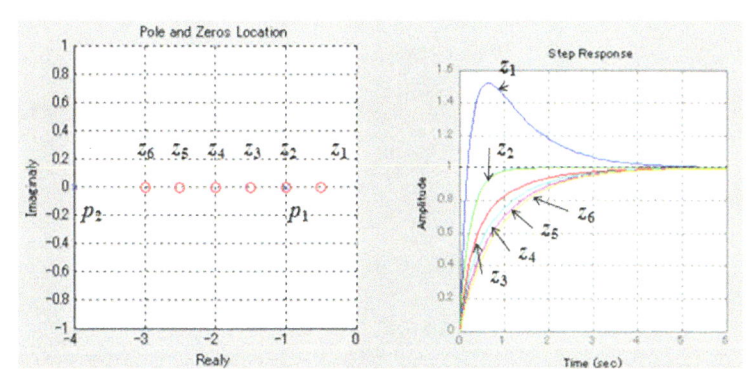

図 8.32 1実数零点のシステム応答

次に2複素極と1実数零点をもったシステム応答を見てみます.このときの極を $p_1 = -1 + 2\sqrt{1-0.5^2}$, $p_1 = -1 - 2\sqrt{1-0.5^2}$, z は -0.5 および $-1 \sim -6$ まで1刻みで変化させます.

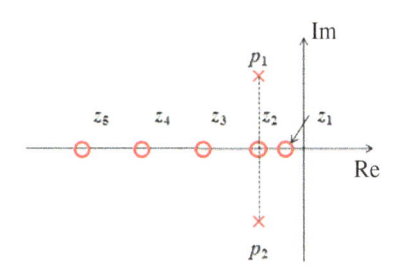

図 8.33 2複素極と1実数零点の配置

List 8-5　Z1P2Test2.m

```
1: function Z1P2Test2
2: % 2個の複素極と1個の零点をもったシステムのインディシャル応答
3: % 固定された複素極で零点を可変にしたときのインディシャル応答を
4: % グラフ化する
5: %     Pole : p1=-1+j2√(1-0.5^2),p2=-1-j2√(1-0.5^2)
6: %     Zero : z1 = -0.5 -1:-1:-6
7: %     システム
```

```
 8: %              p1p2   (s+z1)
 9: %      G  = ----*------------
10: %              z1   (s+p1)(s+p2)
11:    z1 = [-0.5 [-1:-1:-6]];
12:    z = complex(z1);
13:    p1 = complex(-1,1.73);p2 = complex(-1,-1.73);
14:    p = [p1 p2];
15:    [m n] = size(z);
16:    figure;
17:    subplot(1,2,1); hold on
18:    plot(p,'x');   plot(z,'ro')
19:    grid on
20:    title('Pole and Zeros Location')
21:    xlabel('Realy');   ylabel('Imaginaly')
22:    subplot(1,2,2);    hold on
23:    for l = 1:n
24:        K = p1*p2/z(l); G = zpk(z(l),p,abs(K));
25:        step(G,6)
26:    end
27:    grid on
```

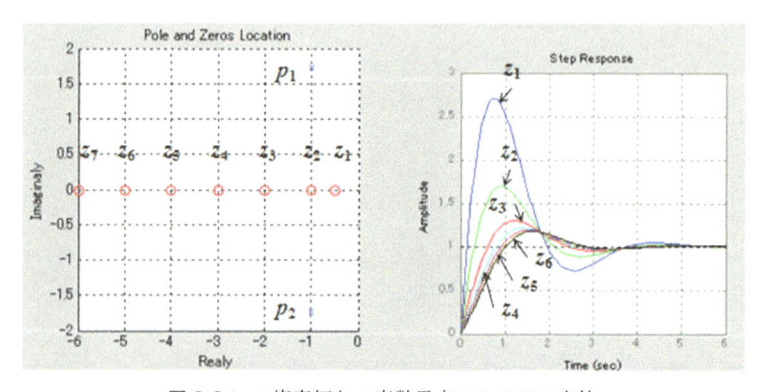

図 8.34　2 複素極と 1 実数零点のシステム応答

第9章
フィードバック制御系の設計

モデル化を行う場合，制御対象の内部構造がある程度見えている場合（このようなときをグレーボックスであるという），比較的良好なシステム同定を行うことができます．しかし，いつもこのようにグレーボックスでシステム同定が行えるとは限らず，制御対象が完全なブラックボックスであることもまれではありません．

また，制御機器の設計においては，制御対象のモデル化で終わりではありません．モデル化ができてから本格的な制御仕様に基づいた制御機器の設計がはじまります．1入出力系の制御対象の場合，MATLAB の Toolbox として Control System Toolbox の sisotool を用いて設計を行うことができます．本章ではまず，制御系の性能の概要を述べたのちに2次系の伝達関数を題材にして，応答特性からのゲイン補償設計と極・零点の位置からのゲイン補償の2つのゲイン補償の設計例を見ていきます．このとき，極・零点の位置からのゲイン補償設計には sisotool を使用します．

9.1 自動制御系の性能

時間領域からみた自動制御系の性能を
 (1) 定常特性（定常偏差）
 (2) 速応性
 (3) 安定性
の3つの観点から検討する必要があります．

(1) 定常特性（定常偏差）

目標値の変更および外乱の影響にともなう定常時の目標値と制御量との差を

定常偏差（残留偏差）といい（図9.1），これを許容範囲内に抑える必要があります．

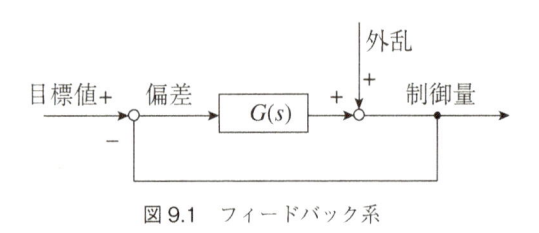

図9.1 フィードバック系

入力が単位ステップ状に変化したときの定常偏差を定常位置偏差といいます．
一巡伝達関数が

$$G(s) = \frac{k(1-T'_1 s)(1+T'_2 s)}{(1+T_1 s)(1+T_2 s)\cdots}$$

のように $\frac{1}{s}$ を含まない場合，この制御系を 0 型といい，これに対し，

$$G(s) = \frac{k(1-T'_1 s)(1+T'_2 s)\cdots}{s^n(1+T_1 s)(1+T_2 s)\cdots}$$

のように $\frac{1}{s^n}$ を含む場合，この制御系を n 型といいます．

定常偏差は位置決め，軌跡制御などでの精度に影響します．定常偏差は，一巡伝達関数（開ループ伝達関数）の低周波でのゲインとその型で決まります．

表9.1 に型と定常偏差との関係を示します．

表9.1 型と定常偏差との関係

制御系の型	定常位置偏差	定常速度偏差*
0 型	$\frac{1}{1+K}$	∞
1 型	0	$\frac{1}{K}$
2 型	0	0

* 定常速度偏差：一定の速度で変化しつづけるような信号（ランプ状信号 $y=ax$）が系に加えられたとき，その偏差を定常速度偏差といいます．

(2) 速応性

目標値が急激に変化したときの制御量の追従性能のことで，いかに速く目標値になるかということです．ステップ入力が入った場合の立ち上がり時間，行き過ぎ時間，整定時間などで評価されます．

(3) 安定性

制御量が振動しないことです．目標値が急激に変化した場合の追従性能で，いかに振動せずに安定に目標値になるかということです．ステップ入力が入った場合の行き過ぎ量，減衰比で評価されます．

9.1 節のまとめとして図 9.2 を示しておきます．

ε_m：行き過ぎ量（オーバーシュート）
T_m：行き過ぎ時間
T_s：整定時間
　　制御量と目標値との差がある許容範囲
　　に収まるまでの時間
ζ：減衰比
$$\frac{\varepsilon_2}{\varepsilon_m}$$

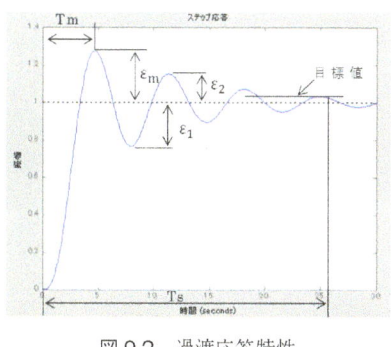

図 9.2　過渡応答特性

9.2　制御系設計の概要

ここでは，行き過ぎ量（オーバーシュート）を指定した数値に抑えるためのゲイン補償を設計します．ゲイン補償設計の具体例として 6.2 節で求めた DC モータモデルを使ったシミュレーション結果を検証します．

はじめに 2 次系の基本形伝達関数を考えます．

$$G(s) = \frac{\omega^2}{s^2 + 2\zeta\omega s + \omega^2} \qquad \zeta：減衰率 \qquad \omega：固有周波数 \tag{9.1}$$

この式 (9.1) の伝達関数において，オーバーシュートに関係するのは ζ です．

このζを求めるために、単位ステップ $\left(\dfrac{1}{s}\right)$ 応答を考えます。この応答関数 $Y(s)$ は

$$Y(s) = \frac{1}{s}\frac{\omega^2}{s^2+2\zeta\omega s+\omega^2} = \frac{1}{s} - \frac{(s+\zeta\omega)+\dfrac{1}{\sqrt{1-\zeta^2}}\omega\sqrt{1-\zeta^2}}{(s+\zeta\omega)^2+\omega(1-\zeta^2)} \tag{9.2}$$

となります。これをラプラス逆変換し、

$$y(t) = 1 - e^{-\zeta\omega}\left(\cos\omega\sqrt{1-\zeta^2}\,t + \frac{1}{\sqrt{1-\zeta^2}}\sin\omega\sqrt{1-\zeta^2}\,t\right) \tag{9.3}$$

ピーク時間 T_p、オーバーシュート y_{over} および ζ の関係を式 (9.3) を時間微分します。$T_p = \dfrac{\pi}{\omega\sqrt{1-\zeta^2}}$ から式 (9.3) は

$$y_{peak}(T_p) = 1 - e^{-\frac{\zeta\pi}{\sqrt{1-\zeta^2}}}\left(\cos\pi + \frac{1}{\sqrt{1-\zeta^2}}\sin\pi\right)$$

$$= 1 + e^{-\frac{\zeta\pi}{\sqrt{1-\zeta^2}}} \tag{9.4}$$

となります。また、この系の定常状態を y_∞ とすると、

$$y_{over} = \frac{y_{peak} - y_\infty}{y_\infty} = e^{-\frac{\zeta\pi}{\sqrt{1-\zeta^2}}} \qquad \text{定常偏差なし}\;(y_\infty = 1) \tag{9.5}$$

から ζ は

$$\zeta = \frac{-\ln y_{over}}{\sqrt{(\ln y_{over})^2 + \pi^2}} \tag{9.6}$$

となります。

今、6.2 節の DC モータによるゲイン補償器を考えていますので、モデルは図 9.3 の K のモデルです。ここで、オーバーシュート 10% とすると式 (9.6) から ζ=0.59 になります。また、図 9.3 の閉ループ伝達関数と基本形伝達関数を恒等式的に見てゲインを計算すると K=18.2 になります。これらの制御パラメータを

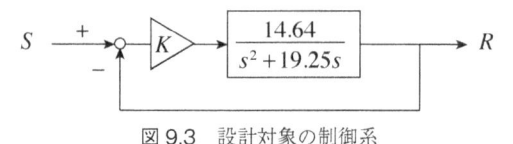

図 9.3　設計対象の制御系

もとにSimulinkでシミュレーションしてみます．制御対象およびシミュレーション条件は6.4節で用いたものと同じとします．モデルを図9.4に，結果を図9.5に示します．

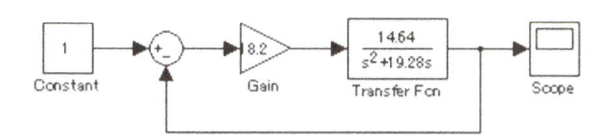

図9.4　オーバーシュート10%検証用モデル

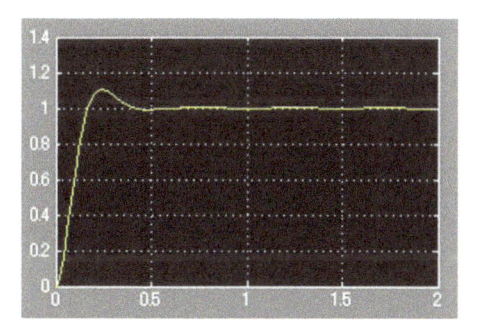

図9.5　オーバーシュート10%のシミュレーション結果

この結果から，応答のオーバーシュートが単位ステップの10%になっていることが確認できます．

9.3　sisotoolの使い方

8.12節, 8.13節で述べたように，設計基準を満たすための設計方法の1つに根軌跡を使用する方法があります．この方法では，根軌跡図上で補償器のゲイン・極・零点を操作することにより設計を繰り返し行います．

ここではsisotoolを用いて，図9.6のような$G(s) = \dfrac{1}{s^2 + 0.8s + 1}$のフィードバックシステムにおいて補償器$C(s)$の設計プロセスが容易になることを説明します．また，自動制御系の質（定常特性，速応性，安定性）についても検討します．

図 9.6 に示すシステムの補償器を設計してみましょう．設計仕様は以下の通りとします．

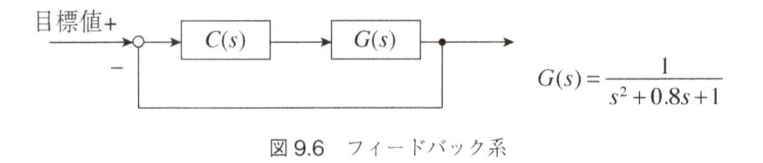

図 9.6　フィードバック系

$$G(s) = \frac{1}{s^2 + 0.8s + 1}$$

設計仕様　①定常位置偏差　ゼロ
　　　　　② 80% 立ち上がり時間 < 4 [sec]
　　　　　③整定時間 < 20 [sec]
　　　　　④最大オーバーシュート < 15 [%]

コマンドウィンドウより

コマンド
`>> num = [1];`
`>> den = [1 0.8 1];`
`>> sys = tf(num,den);`
`>> sisotool(sys)`

と入力すると，図 9.7 のコントロールと推定ツールマネージャー (CETM) および図 9.8 の SISO 設計のグラフィカルエディタが開きます．

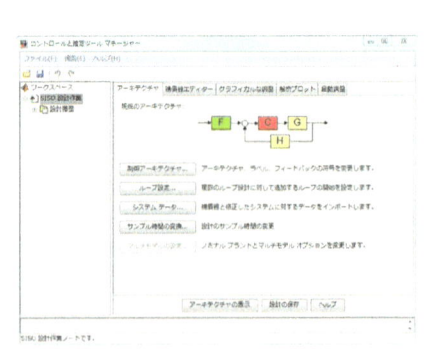

図 9.7　コントロールと推定ツールマネージャー

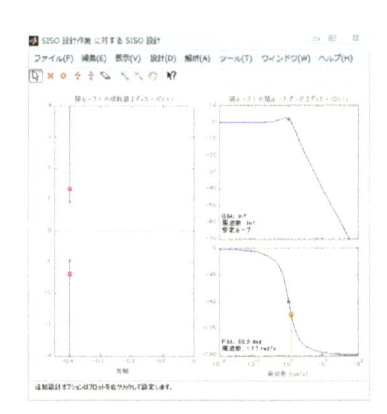

図 9.8　SISO 設計のグラフィカルエディタ

9.3 sisotool の使い方

　ここでは，根軌跡と開ループボード線図を使用して補償器 $C(s)$ をグラフィカルに調整し，システムの閉ループインディシャル応答を表示して検証を行います．閉ループインディシャル応答のグラフは，CETM の「解析プロット」タブをクリックし，プロット1に対し「ステップ」を選択し，応答の「閉ループ r から y 」のプロット1のチェックボックスをオンにすることにより（図 9.9）表示されます（図 9.10）．

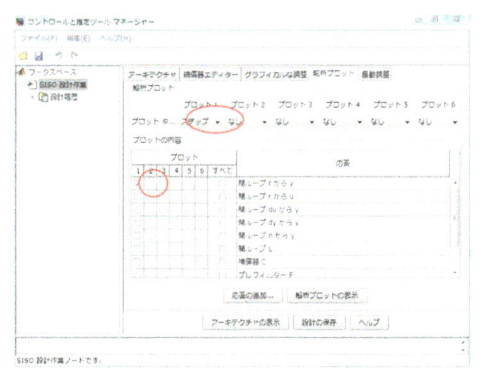

図 9.9　CETM の解析プロットの設定 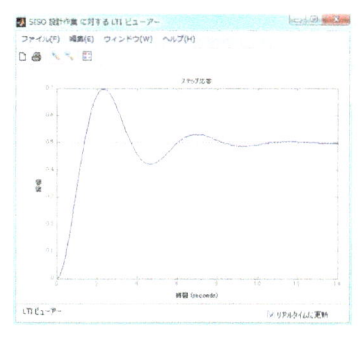　　　　図 9.10　閉ループのインディシャル応答（補償前）

　コマンド **sisotool** は，SISO 設計ツールを開くというものです．このグラフィカルユーザインタフェース (GUI) を使うと，根軌跡図や開ループのボード線図やニコルス線図を使って，単入力／単出力 (SISO) の補償器を設計することができます．プラントモデルを SISO ツールに読み込むには，「ファイル」メニューから「モデルのインポート」項目を選択します．デフォルトのフィードバック構造は図 9.11 のようになります．ここで C と F は調整可能な補償器です．

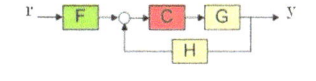

　次に，閉ループインディシャル応答に4つの要求仕様を追加します．図 9.10 のプロットエリアにおいて右クリックすると現れるメニューから，「設計要求／新規作成メニュー」を選択します．図 9.12 に示すダイアログボックスに下記のように設計要求を指定します．

図 9.11　sisotool

　設計要求タイプ：ステップ応答の範囲

立ち上がり時間：4 [sec]

％立ち上がり：80

最終値：1

整定時間：20 [sec]

％整定：2.00

％オーバーシュート：15

％アンダーシュート：1

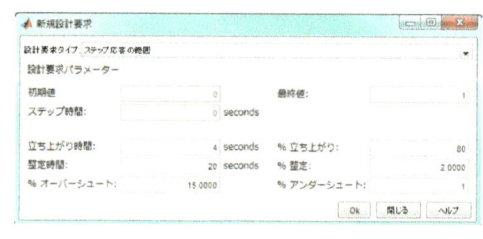

図 9.12　設計要求の指定

設計要求の指定を行うことによって，その条件が図 9.13 に示されます．応答特性がこの黄色いエリアに入らないように補償器の設計を行っていきます．補償器の設定には補償器エディターを使います．

図 9.14 に示すように CETM の「補償器エディター」タブを選択します．

まず，定常位置偏差ゼロになるように積分器を追加します．積分器を追加するためには，図 9.15 の根軌跡エディターのプロットエリアで右クリックをし，「極・零点の追加／積分器」を選択します．

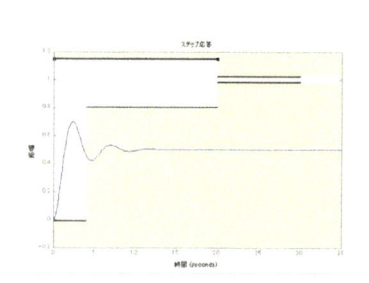

図 9.13　閉ループのインディシャル応答（設計要求指定後）

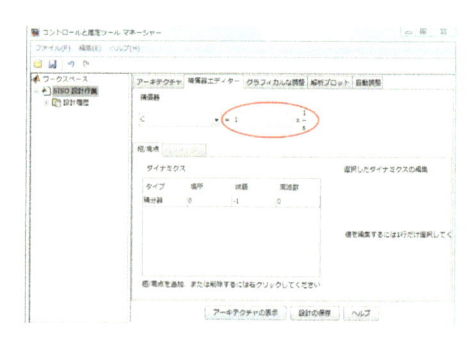

図 9.14　補償器エディター（積分器の追加）

図 9.15　積分器の追加

補償器 C に $\dfrac{1}{s}$ が追加されたことにより閉ループインディシャル応答特性の値がおかしくなります．図 9.14 に示すようにループゲインが 1 となっているのでこの値を直接変更するか，根軌跡エディターの極を軌跡に沿ってドラッグして変更してください．補償器 C のゲインも変更されます．

たとえば，補償器 C のゲインの値が 0.8 だと図 9.17 からわかるように根が $x=0$ 上にあるので図 9.18 に示すように閉ループインディシャル応答は，持続振動になります．

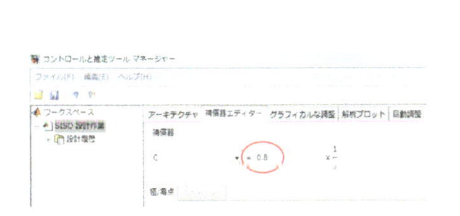

図 9.16　補償器エディター

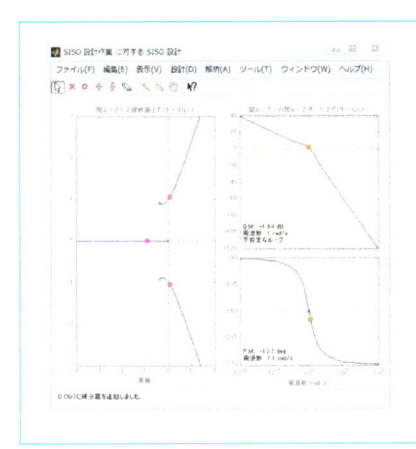

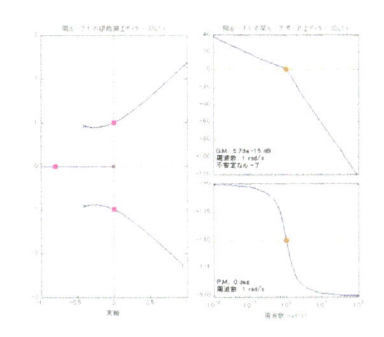

図 9.17　SISO 設計（C のゲイン 0.8）

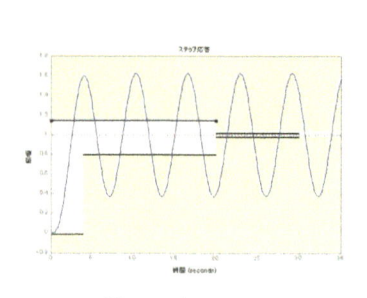

図 9.18　閉ループのインディシャル応答（C のゲイン 0.8）

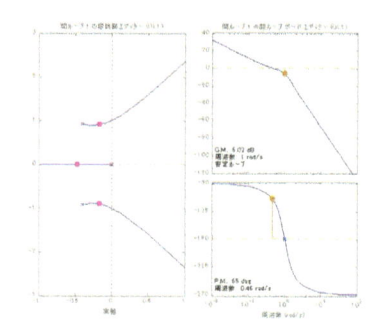

図 9.19　SISO 設計（C のゲイン 0.4）

　図 9.18 を見ながら設計要求条件に収まるように C の値を変えて調整してください．図 9.19，9.20 は，C のゲインの値が 0.4 のときのグラフです．図 9.20 から設計要求（立ち上がり時間：4 [sec]，最終値：1，整定時間 20 [sec]，％整定：2.00，％オーバーシュート：15）を満たしていることがわかります．

　Simulink モデルを用いて sisotool の設計結果を確認してみましょう．

　図 9.21 に示すように Simulink モデルエディターを用いて一巡伝達関数（開ループ伝達関数）のブロック図を作成します．

　コマンドウィンドウよりボード線図，根軌跡を求めます．

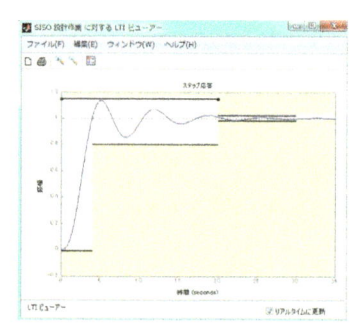

図 9.20　閉ループのインディシャル応答（C のゲイン 0.4）

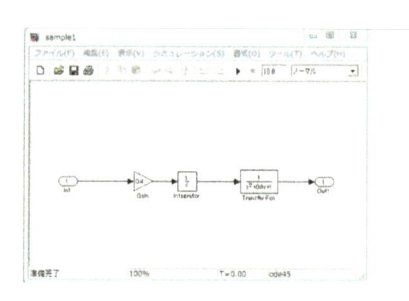

図 9.21　一巡伝達関数のブロック線図

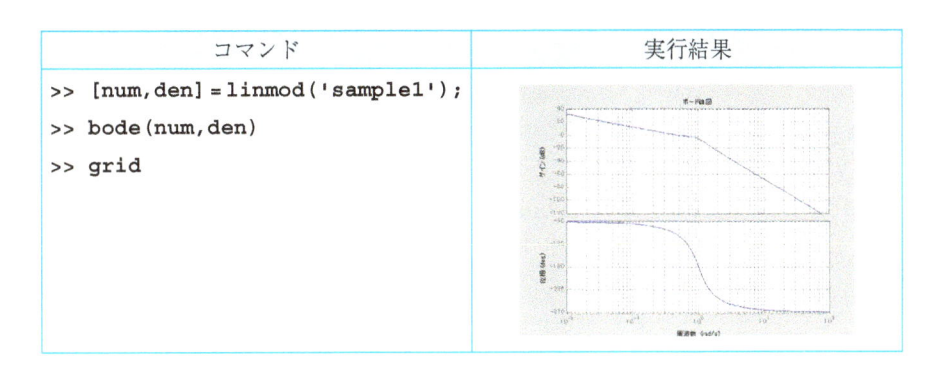

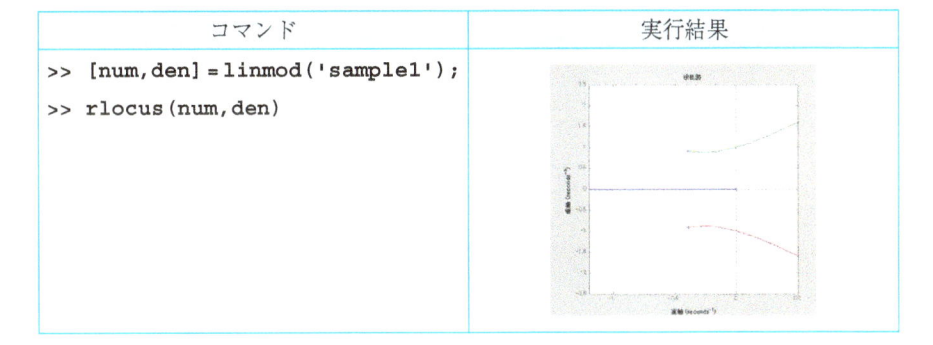

コマンド	実行結果

`>> [num,den]=linmod('sample1');`
`>> bode(num,den)`
`>> grid`
	(ボード図)

コマンド	実行結果
`>> [num,den]=linmod('sample1');` `>> rlocus(num,den)`	(根軌跡)

また，図9.22に示すようにSimulinkモデル（Sample2.mdl）を用いて総合伝達関数（閉ループ伝達関数）のブロック線図を作成します．

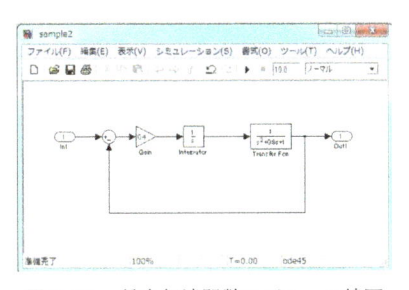

図 9.22　総合伝達関数のブロック線図

コマンドウィンドウよりインディシャル応答を求めます．

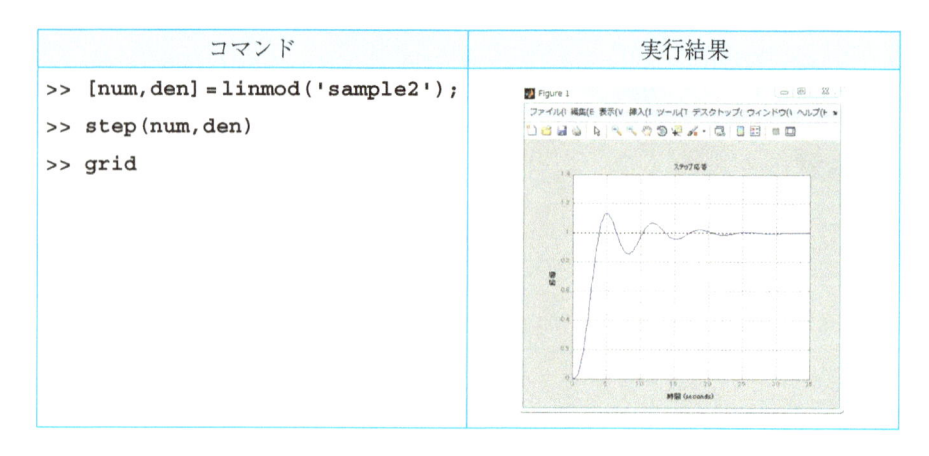

コマンド	実行結果

`>> [num,den]=linmod('sample2');`
`>> step(num,den)`
`>> grid`
	(ステップ応答のグラフ)

この結果と図 9.20 が一致することがわかります．

DC モータの応答波形からのゲイン補償設計から制御モデル全体のゲインを求めました．また，Control System Toolbox の sisotool を用いた極・零点の複素空間での位置によるゲイン補償設計を行いました．sisotool を用いた場合，一見簡易に制御設計が行えるように見えます．今回は，制御対象が DC モータなどの 2 次系のみですので，さほど困難はなかったと思います．しかし，実際には DC モータの先に制御対象がつながっていて制御系全体の複雑さは飛躍的に上がります．

実際の制御系設計においては，制御対象の数学モデルを実験データから求め，そのモデル検証，制御仕様の検討を行う必要があります．このような場合，MATLAB にはシステム同定を行う System Identification Toolbox や制約条件下におけるモデルの最適化を行う Optimization Toolbox があります．これらを活用して制御仕様を検証する必要があるでしょう．

ただ，最新のアルゴリズムを実装した MATLAB を使用すれば複雑な操作をしなくても高精度な計算を行うことができます．しかし，最適なアルゴリズムを選択する必要性はあります．そのためには，数値解析の知識が必要になります．

索　引

和文

あ行
位相余裕　186
一巡伝達関数　184
インディシャル応答　170

か行
開ループ伝達関数　184
ガウス - ロバット法　76
硬い方程式　108
硬い問題　108
可変引数関連変数　68
関係演算子　16
関数　18
関数 M- ファイル　46，51
関数ハンドル　53
関数ハンドルの作成　53
ギブス現象　82
基本的な 3 次元プロット関数　34
基本的なプロット関数　27
共役複素数　14
行列　4，5
行列式　10
行列と配列に関する基本的な関数　18

行列の加減算　8
行列の乗算　9
行列の除算　9
極　191
虚数　5
キルヒホッフの法則　22
グラフィックスプロパティ　40
クラメルの公式　12
ゲイン余裕　186
現在のフォルダーウィンドウ　2
後退差分　70
後方差分　70
コマンドウィンドウ　2
コマンド履歴ウィンドウ　2
根軌跡法　190

さ行
サブシステム　146
サラスの方法　11
時定数　172
周波数応答　177
初等数学　20
シンプソン公式　84

シンプソン則　84
スカラーと行列の演算　15
スクリプト　46
制御構文　55
セルモード　48
線形代数　19
前進差分　70
前方差分　70
相関係数　116

た行
ダイポール　198
中央値　116
直列結合　167
データ格納方法　6
データ型　7
伝達関数　156
特殊プロット関数　31
特性方程式　183

な行
ナイキスト安定判別法　184
ナイキスト線図　178
ニュートン-ラフソン法　65

ネルダー-ミード法　124

は行
ビューポイント　39
表面プロット関数　35
フィードバック結合　168
複素行列の演算　13
複素数　6
プロット　26
並列結合　167
ベクトル演算　14
ベクトル軌跡　178
ベクトルの生成方法　14
ホイン法　100
ボード線図　178
補償器　207

ま・や・ら・わ行
陽的解法　72
ラプラス変換　157
ルンゲ-クッタ法　103
零点　191
論理演算子　17
ワークスペース　2

欧文

A~C
Axes オブジェクト　36, 41
axes 関数　27
axis 関数　25
backward difference　70

bode　169
break ステートメント　56
case ステートメント　58
colorbar 関数　36
Constant　140

contour 関数　33
corrcoef( ) 関数　116
cos 関数　54
Cramer の公式　12

D~F

dblquad( )　90
DC モータの角度制御基本式　105
diff( )　70
elseif ステートメント　56, 57
end ステートメント　56
error( ) 関数　67
feedback　166
feval 関数　54
Figure ウィンドウ　24, 26
figure 関数　25
fminsearch( ) 関数　124
forward difference　70
for ステートメント　60
fspecial( )　74
func2str( ) 関数　68
fzero( ) 関数　68

G~K

Gain　143
Gauss-Lobatto 法　76
Gibbs phenomenon　82
Handle Graphics　41
hold on 関数　33
if ステートメント　56
ilaplace( ) 関数　158

impulse　169
imshow( )　74
Inport　147
Integrator　143
Integrator の初期値　151
isinf( ) 関数　67
is 系関数　67
Kirchhoff の法則　22

L~N

laplace( ) 関数　122, 159
MALTAB の制御構文　55
MATLAB のデータ型　7
median( ) 関数　116
meshgrid 関数　33, 36
mesh 関数　36
M-ファイル　46
nargin　68
nargout　68
Newton-Raphson 法　65
nichols　169
nyquist　169

O~R

Outport　147
parallel　166
peaks 関数　35
plot3 関数　34
plot 関数　27, 37
pole　191
polyfit( ) 関数　117

polyval( ) 関数　119
quad2d( )　90
quiver 関数　33
randn( ) 関数　115

S

Sarrus の方法　11
Scope　137
ScopeData　148
series　166
set 関数　45
sim( ) 関数　151
simplify( ) 関数　160
Simplot　148
Simulink ソルバ　152
Simulink ライブラリ　136
SineWave　140
sisotool　205
sprintf( ) 関数　67
std( ) 関数　115
Step　137

step　169
Stiff 問題　108
subplot 関数　27, 36, 39
subs( ) 関数　159
Sum　143
Switch　140
switch ステートメント　58
sym( ) 関数　123
syms コマンド　123

T~Z

To File ブロック　149
trapz( ) 関数　77
try catch ステートメント　64
varargin　68
varargout　68
view 関数　39
while ステートメント　63
XYGraph　141
zero　191

著者紹介

青山 貴伸（あおやま たかのぶ）　博士（工学）
- 1985年　埼玉工業大学工学部卒業
- 2013年　三重大学大学院工学研究科博士課程修了
- 現　在　Smart Implement,Inc. 人材教育事業準備室室長，MBD Evangelist

蔵本 一峰（くらもと かずみね）
- 1984年　職業訓練大学校電気科卒業
- 現　在　九州職業能力開発大学校　教授

森口 肇（もりぐち はじめ）
- 1996年　職業能力開発大学校電子工学科卒業
- 1998年　職業能力開発大学校研究課程工学研究科修了
- 現　在　職業能力開発総合大学校　助教

NDC410　222p　21cm

今日から使える！ MATLAB（きょうからつかえる！マットラブ）
数値計算から古典制御まで（すうちけいさんからこてんせいぎょまで）

2014年4月10日　第1刷発行
2019年4月20日　第3刷発行

著　者	青山貴伸・蔵本一峰・森口肇（あおやまたかのぶ・くらもとかずみね・もりぐちはじめ）
発行者	渡瀬昌彦
発行所	株式会社　講談社

〒112-8001　東京都文京区音羽2-12-21
　　販売　（03）5395-4415
　　業務　（03）5395-3615

編　集　株式会社　講談社サイエンティフィク
　　代表　矢吹俊吉

〒162-0825　東京都新宿区神楽坂2-14　ノービィビル
　　編集　（03）3235-3701

本文データ制作　株式会社　エヌ・オフィス
カバー・表紙印刷　豊国印刷株式会社
本文印刷・製本　株式会社　講談社

落丁本・乱丁本は，購入書店名を明記のうえ，講談社業務宛にお送りください．送料小社負担にてお取替えいたします．なお，この本の内容についてのお問い合わせは，講談社サイエンティフィク宛にお願いいたします．定価はカバーに表示してあります．

© T.Aoyama,K.Kuramoto and H.Moriguchi, 2014

本書のコピー，スキャン，デジタル化等の無断複製は著作権法上での例外を除き禁じられています．本書を代行業者等の第三者に依頼してスキャンやデジタル化することはたとえ個人や家庭内の利用でも著作権法違反です．

JCOPY 〈(社)出版者著作権管理機構 委託出版物〉

複写される場合は，その都度事前に(社)出版者著作権管理機構（電話 03-5244-5088, FAX 03-5244-5089, e-mail: info@jcopy.or.jp）の許諾を得てください．

Printed in Japan

ISBN 978-4-06-156532-6

講談社の自然科学書

最新 使える!MATLAB 第2版

青山貴伸・蔵本一峰・森口肇(著)
A5・239ページ・本体2800円(税別)
ISBN978-4-06-156553-1　2016年刊行

基本がまとまっていて「使える!」と定評ある解説書の改訂版。Excelとの連携など、MATLABの機能だけでなく、操作性アップにも対応。本文掲載のListは、R2014bで実行できることを確認した。

使える! MATLAB/Simulink プログラミング

青山貴伸(著)
B5変型・334ページ・本体8000円(税別)
ISBN978-4-06-155769-7　2007年刊行

技術者必須の情報を完全収録。PC前の必備書。開発環境としてMATLABを利用する第一線の技術者のために、知恵と経験をまとめた初の本格的専門書。

イラストで学ぶ 機械学習
最小二乗法による識別モデル学習を中心に

杉山 将(著)
A5・230ページ・本体2800円(税別)
ISBN978-4-06-153821-4　2013年刊行

最小二乗法で、機械学習をはじめましょう!!
数式だけではなく、イラストや図が豊富だから、直感的にわかりやすい!
MATLABのサンプルプログラムで、らくらく実践!

今日から使える!組合せ最適化
離散問題ガイドブック

穴井宏和・斉藤 努(著)
A5・142ページ・本体2800円(税別)
ISBN978-4-06-156544-9　2015年刊行

問題の分類、アルゴリズム、具体的課題のつながりが、双方向からわかる本。手探りで解きはじめてしまう前に、根拠なくソルバーを選んでしまう前に、俯瞰し、整理し、理解しよう。

図解 設計技術者のための有限要素法 実践編

栗崎 彰・著
A5・158ページ・本体2000円(税別)
ISBN978-4-06-156528-9　2014年刊行

フリーソフトを使って、解析のコツを伝授!図解だから、ひと目でわかる!設計技術者が有限要素法を使いこなすための「次なる一歩」がぎっしり詰まった即買い本!!

はじめての制御工学 改訂第2版

佐藤和也・平元和彦・平田研二(著)
A5・334ページ・本体2600円(税別)
ISBN978-4-06-513747-5　2018年刊行

「一番分かりやすかった!」と大好評の古典制御の教科書の改訂版。オールカラー化で、さらに見やすく。丁寧な解説で、さらに分かりやすく。章末問題も倍増で、最高最強のバイブルへパワーアップ!

表示価格は本体価格(税別)です。消費税が別に加算されます。　「2019年3月現在」

講談社サイエンティフィク　https://www.kspub.co.jp/